全国高职高专计算机立体化系列规划教材

基于项目的 Web 网页设计技术

苗彩霞　包　燕

张亚利　罗俊丽　编　著

北京大学出版社

PEKING UNIVERSITY PRESS

内 容 简 介

本书知识体系分为三大模块：第 1 篇 Web 技术基础篇、第 2 篇 动态交互效果制作提高篇和第 3 篇 页面实战篇。本书内容涵盖了 HTML、Web 2.0 标准新技术(DIV+CSS)、可视化编辑页面工具 Dreamweaver 的使用、JavaScript、Ajax 等网页设计的主流技术，全面介绍了网页设计行业必须具备的基本知识和技能。

本书依据网页设计师的岗位能力要求和学生的认知规律，将知识学习与技能训练融为一体，教、学、做紧密结合，侧重于网页制作基本技能的培养。其中，基础知识篇(第 1 篇、第 2 篇)准备了 31 个典型案例，以"任务驱动"模式展开；全书配备了 64 个典型例题，将技能点与知识点学习融为一体；第 3 篇 页面实战篇立足真实工作情境，精心设计了 3 个典型的网页设计项目，按照企业级流程设计开发，侧重于学生岗位技能的提升。全书案例和项目资源丰富、典型、实用，对应工作岗位技能点，学生能够即学即用，举一反三，切实解决实际问题。

本书内容详尽，实例丰富，可作为高职高专计算机专业及相关专业的教材或参考书，也可作为网页制作人员的自学参考书或培训教材，对有一定 Web 前端开发基础的读者也有一定的参考意义。

图书在版编目(CIP)数据

基于项目的 Web 网页设计技术/苗彩霞等编著. —北京：北京大学出版社，2013.8
(全国高职高专计算机立体化系列规划教材)
ISBN 978-7-301-23045-9

Ⅰ. ①基… Ⅱ. ①苗… Ⅲ. ①网页制作工具—程序设计—高等职业教育—教材 Ⅳ. ①TP393.092

中国版本图书馆 CIP 数据核字(2013)第 190874 号

书　　　名：基于项目的 Web 网页设计技术
著作责任者：苗彩霞　包　燕　张亚利　罗俊丽　编著
策 划 编 辑：李彦红
责 任 编 辑：李　辉
标 准 书 号：ISBN 978-7-301-23045-9/TP · 1304
出 版 发 行：北京大学出版社
地　　　址：北京市海淀区成府路 205 号　100871
网　　　址：http://www.pup.cn　新浪官方微博：@北京大学出版社
电 子 信 箱：pup_6@163.com
电　　　话：邮购部 62752015　发行部 62750672　编辑部 62750667　出版部 62754962
印 刷 者：三河市北燕印装有限公司
经 销 者：新华书店
　　　　　　787mm×1092mm　16 开本　17.25 印张　392 千字
　　　　　　2013 年 8 月第 1 版　2013 年 8 月第 1 次印刷
定　　　价：36.00 元

前　言

网页设计师是信息社会发展和实现媒体内容数字化以及网络化的关键人才。目前，国内各类网站不下百万，因此，网页设计师是最具有发展潜力、社会需求量巨大的职业之一。本书读者定位为资深网页设计师和 Web 前端开发工程师。

依据岗位职责，本书知识体系分为三大模块：第 1 篇 Web 技术基础篇、第 2 篇 动态交互效果制作提高篇和第 3 篇 页面实战篇。本书内容涵盖了 HTML、CSS 基础、可视化编辑页面工具 Dreamweaver 的使用、JavaScript、Ajax 等网页设计的主流技术，全面介绍了网页设计行业必须具备的基本知识和技能。本书知识体系见下表。

基于项目的 Web 网页设计技术			
课程目标			
深入掌握网页设计主流技术：HTML、CSS、Dreamweaver、JavaScript、Ajax			
	知识模块	单元内容	教学设计方法
第 1 篇 Web 技术基础篇	HTML	Web 技术概述 HTML 基础 表格表单基础 框架的应用	案例教学：理论实践一体化；任务驱动
	CSS 基础	CSS 基础 理解 CSS 定位与 DIV 布局	
	可视化编辑页面工具 Dreamweaver 的使用	Dreamweaver 基本操作 Dreamweaver 表格布局 模板的创建与应用	
第 2 篇 动态交互效果制作提高篇	JavaScript 基础	JavaScript 基础 文档对象模型 DOM JavaScript 典型案例	案例教学：理论实践一体化；任务驱动
	Ajax 入门	Ajax 技术简介 Ajax 实现过程 Ajax 和 JSON 综合案例	
第 3 篇 页面实战篇	项目实战	项目 1：制作小型网站 项目 2：制作主流网站界面 项目 3：制作购物网站主页	项目教学法

本书将知识学习与技能训练融为一体，侧重于网页制作基本技能的培养，其特点是教、学、做紧密结合。

1. 科学的编写思路

遵循高职教育教学规律，在充分把握高职学生认知特点的基础上，调研形成先进的教材编写思路。

第 1 篇 Web 技术基础篇、第 2 篇 动态交互效果制作提高篇：配备多年教学实践精心设计的实用、典型案例 31 个，采用"任务驱动"编写思路，编写主线：任务陈述→知识准备→

任务实施→巩固与拓展，采用"问题抛锚法"，激发学生的学习兴趣，提高学生解决问题的能力；为解决任务的知识点学习，配备典型例题 64 个，与工作岗位技能点一一对应。将技能点与知识点学习融为一体。

2. 真实的项目教学，突出实践能力培养

第 3 篇 页面实战篇，立足真实工作情境，精心准备 3 个典型教学项目：制作小型网站、主流网站界面、购物网站主页，使用企业级规范流程设计，项目技能点能满足岗位技能需求，避免了教材缺乏实际应用背景案例的缺陷，即学即用，切实提高学生的工程实践能力。

3. 符合产业与技术发展的新趋势

传统网页设计类教材通常对网页设计传统技术——表格布局等重点讲述，对当前主流网页设计技术——Web 标准(DIV+CSS)、JavaScript、Ajax 等知识点涉及较少，本书引入网页设计主流技术——Web 2.0 标准新技术(DIV+CSS)、动态网页效果制作技术——JavaScript 技术和 Ajax 技术并进行重点讲解，符合当前网页制作的工业化标准，学到的知识不落伍。

4. 教材组织形式生动

充分考虑学生的差异性，以人为本，每一章节根据内容安排"小提示"(提问环节)、"深入学习、经验之谈"(企业工程经验环节)，形式生动，能帮助学生完成学习目标，同时为其深入学习提供提升渠道。

5. 丰富的帮助资源

(1) 每一模块均提供丰富的网络帮助资源，利用网络资源进行学习，发挥学生学习的自主性。

(2) 每一章节安排"重要术语"，加强学生对专业术语的掌握。

(3) 适时添加相关行业、专业知识背景、重要技术思想，开阔学生专业视野，提升综合职业修养。

(4) 每一章节课后安排丰富的动手实践题"自我测试"，方便学生对学习目标进行自我检测、自我评价。

本书突出网页制作实例性知识，内容先进、全面；实例和项目资源丰富、可操作性强，可作为高职高专计算机专业及相关专业的教材或参考书，也可作为网页制作人员的自学参考书或培训教材，对有一定 Web 前端开发基础的读者也有一定的参考意义。

本书提供课堂教学的配套资料，包括电子课件、程序源代码、习题解答，需要者可以从北京大学出版社网站下载(www.pup6.com)。

本书编写队伍由来自不同学校的老师及企业的工程师组成，大家反复推敲、几易其稿，对整本书倾注了大量的心血，其中，苗彩霞老师编写了第 5、6、11、12、13 章并负责全书统稿及部分案例编写，包燕老师编写了第 1、7、8 章并设计了部分书中插图和案例，张亚利老师编写了第 2、3、4 章，罗俊丽老师编写了第 1、9 章，成西峰工程师编写了第 10 章。在本书的编写过程中，我们参考了大量书籍及资料，在此对这些书籍和资料的作者表示最诚挚的谢意。另外感谢所有我教过的学生，是他们促使我不断进步，并给予我很多灵感。

在本书的编写过程中，我们精益求精，规范术语，但因水平和时间所限，书中难免存在不妥之处，敬请读者朋友批评指正，作者邮箱：miaocx818@163.com。

编 者

2013 年 3 月

目　　录

第 1 篇

Web 技术基础篇

第 **1** 章　Web 技术概述

 学习目标

知识目标	技能目标
(1) 了解课程在专业课程体系中的地位、作用 (2) 了解课程体系内容 (3) 理解 Web 的基本概念 (4) 理解 Web 的工作机制 (5) 了解 IP 地址、域名、URL 等网络术语 (6) 理解网页、网站的相关概念 (7) 掌握网站创建与部署	(1) 能创建简单的静态网站 (2) 能部署、发布网站

 章节导读

　　Web 是 World Wide Web 的简称，Web 技术设计的内容非常广泛，包括网络技术、数据库技术、面向对象技术、图形图像处理技术、多媒体技术、网络和信息安全技术、互联网技术、Web 开发技术等。本书主要讲解静态网页设计技术，首先了解该课程在所学专业中的地位及作用。

任务 1.1　了解课程定位

 任务陈述

　　任务构思与目标：高职院校开设一门课程时都应进行市场调研，确定课程面向的岗位群，分析岗位职责、所需能力，正确对课程进行定位、确定课程知识体系。当学生学习一门新课程时，首先应了解该课程在所学专业的课程体系中的地位及作用，明确自己的学习目标。

　　任务设计：深入企业调研，对岗位用人数据进行分析，确定课程面向的岗位群及能力需求，以此为依据，确定课程知识体系。

知识准备

1. 职业岗位能力需求分析

通过对企业深入调研人才培养规格需求、对前程无忧、中华英才网、智联招聘、博天人才网等专业招聘网站多份招聘信息和与网站开发相关的工作岗位的数据调查总结分析,得出与网页设计工作相关的岗位及对应的岗位能力要求,见表 1-1。

表 1-1　网页设计工作岗位职责需求分析

岗位	任职要求
网页设计师	(1) 网页设计、动画制作、平面设计;熟悉简单的互动程序编写;熟悉网站工作流程 (2) 精通 HTML、DIV+CSS,熟悉 W3C 相关标准,熟悉 JavaScript 编程 (3) 熟练使用 Dreamweaver、Photoshop、Flash 等网页及图形制作软件 (4) 根据设计需求创造出有效的设计 (5) 可以配合程序员完成网站中所需的设计工作
Web 前端开发工程师	(1) 精通 HTML、DHTML、JavaScript、CSS 3.0 等脚本语言或前端技术,并具有 2 年以上实际工作经验 (2) 熟悉常见页面架构和布局;能快速处理主流浏览器的兼容性问题 (3) 具备快速的编写和修改代码的能力;能灵活使用工具调试代码 (4) 编码遵循 W3C 标准,有简洁高效、语义化强的前端开发风格 (5) 理解 Ajax 运作机制,有使用常见 Ajax 框架,如 jQuery 等的经验 (6) 对用户体验、交互操作流程及用户需求有深入理解 (7) 极强的团队协作精神,精益求精的工作态度,优秀的学习能力与创新能力
高级 Web 前端开发工程师	(1) 对产品经理、设计师提出的需求给出技术评估和解决方案 (2) 负责 Web 应用和移动 Web 应用开发,负责跨浏览器兼容 (3) 产品交互效果的实现,用户体验优化,各项性能的调优等

 任务实施

2. 课程定位分析、确定课程体系内容

"基于项目的网页设计技术"课程定位:资深网页设计师、Web 前端开发工程师。根据岗位职责确定课程知识体系见表 1-2。

表 1-2　课程知识体系

基于项目的 Web 网页设计技术			
课程目标			
深入掌握网页设计主流技术:HTML、CSS、Dreamweaver、JavaScript、Ajax			
	知识模块	单元内容	教学设计方法
第 1 篇 Web 技术基础篇	HTML	Web 技术概述 HTML 基础 表格表单基础 框架的应用	案例教学:理论实践一体化;任务驱动
	CSS 基础	CSS 基础 理解 CSS 定位与 DIV 布局	
	可视化编辑页面工具 Dreamweaver 的使用	Dreamweaver 基本操作 Dreamweaver 表格布局 模板的创建与应用	

续表

		JavaScript 基础 文档对象模型 DOM JavaScript 典型案例	案例教学：理论实践一体化；任务驱动
第 2 篇 动态交互效果制作提高篇	JavaScript 基础		
	Ajax 入门	Ajax 技术简介 Ajax 实现过程 Ajax 和 JSON 综合案例	
第 3 篇 页面实战篇	项目实战	项目 1：制作小型网站 项目 2：制作主流网站界面 项目 3：制作购物网站主页	项目教学法

任务 1.2　理解 Web 概念、Web 工作机制

 任务陈述

　　任务构思与目标：理解 Web 基本概念、Web 工作机制。

　　任务设计：直接给出重要术语的概念，深入理解其含义是网页设计的重要理论基础。

 任务实施

　　1. 什么是 Web

　　Web 是 Word Wide Web(WWW)的简称，又称万维网或全球信息网。它以 HTML 语言和 HTTP 协议为基础，能够提供面向各种因特网(Internet)服务的一种信息服务系统。

　　因特网是世界上最大的一个开放式互联网络，它由多个计算机通过网络互联而成，各个计算机之间可以方便地进行资源共享和信息交换。因特网上提供 Web 服务的服务器、Web 客户机就组成了 Web。Web 服务器的主要特性是接受来自 Web 客户的 HTTP 请求，并在 HTTP 响应中返回一个相应的资源。而 Web 客户机则是一种通过发送 HTTP 请求消息来访问 Web 服务器的软件，并处理得到的 HTTP 请求。常见的 Web 服务器是网络操作系统、Web 服务组件(Apache/Tomcat，IIS 等)，从本质上来说 Web 服务器实际上就是一个软件系统。常见的客户机是 Web 浏览器，如 IE、Firefox、Chrome 等。

 知识延伸：

　　Web 2.0 是相对 Web 1.0 的新的一类互联网应用的统称。Web 1.0 的主要特点在于用户可以通过浏览器获取信息。Web 2.0 则更注重用户的交互作用，用户既是网站内容的浏览者，也是网站内容的制造者，由被动地接收互联网信息向主动创造互联网信息发展。

　　2. Web 工作机制

　　当用户通过浏览器访问某一个网站时，工作过程如图 1.1 所示。

　　(1) 在浏览器的地址栏中输入相应的网址 URL。

(2) 域名服务器对该网址进行解析，找到其对应的 IP 地址，并根据得到的 IP 地址定位到目标服务器，建立服务器与浏览器之间的通信。

(3) Web 服务器根据 URL 中指定的网址、路径和网页文件，调出相应的 HTML、XML 文档或 JSP、ASP 文件，将对应的图文数据传送到浏览器中。

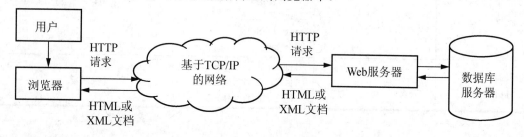

图 1.1　Web 工作机制

任务 1.3　了解常用网络技术术语

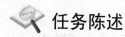 **任务陈述**

任务构思与目标：在 Web 应用中，经常出现 IP 地址、域名及 URL 等网络术语，本节将对这些术语进行解释。

任务设计：直接给出重要术语的概念，深入理解其含义是网页设计的重要理论基础。

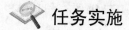 **任务实施**

1. IP 地址

IP(Internet Protocol，网际协议)地址是连接到因特网上的每台计算机都必须有的一个唯一的地址，用于标识连入因特网上的每台主机，实现主机间的通信。IP 地址是全球认可的通用地址格式，IPv4 在计算机内部用 32 个二进制比特数字表示，通常写成 4 个十进制数字序列，数字之间用句点(称为"点")隔开，例如 192.1.22.166。每个十进制数字表示 IP 地址的一个字节。

2. 域名

接入因特网的某台计算机要和另一台计算机通信，就必须知道其正确的 IP 地址。但是 IP 地址在计算机里是 32 位的二进制数，即使转换为点十进制来表示，也可能多达 12 位，要记住这么多数字不是一件容易的事情，人们更习惯于使用字母表示的名字。域名系统 DNS(Domain Name System)就是使用易于记忆的字符串来表示计算机的地址，为了防止计算机名字的重复，因特网上的计算机名字通常由许多域构成，域间用小黑点"."分隔，例如 www.example.com.cn。域名中的最后一个域(顶级域)有国际认可的约定，以区分机构或组织的性质。常用的 Internet 顶级域名代码见表 1-3。

表 1-3　常用的 Internet 顶级域名代码

域　名	说　明
edu	教育和科研机构
com	商业机构
mil	军事机构
gov	政府机关
org	其他组织
net	主要网络中心
cn	国家和地区代码，cn 表示中国，us 表示美国…

3. URL

信息资源放在 Web 服务器之后，需要将它的地址告诉给用户，以便让用户来访问，这就是统一资源定位符 URL(Uniform Resource Locator)的功能，俗称为网址。URL 能以唯一的方式定义每个资源在 Internet 上的位置。

URL 的格式为<协议>：//<主机名><文件路径>，即 URL 字符串由协议名称、主机名和文件名(包含路径)3 部分组成。协议名称通常为 http、Ftp、File 等，例如：http://www.yahoo.com.cn/index.htm 为一个 URL 地址，其中 http 指的是采用的传输协议是 http；www.yahoo.com.cn 为主机名；index.htm 为文件名。

知识延伸：

IPv6 是现行 IPv4 协议的下一代 IP 协议。IPv4 中规定 IP 地址长度为 32 位，可以分配的主机地址理论上有 30 多亿个。IPv6 中 IP 地址的长度为 128 位，比 IPv4 拥有的地址更多。

任务 1.4　网站创建与部署

任务陈述

任务构思与目标：根据需求创建站点，申请空间、域名，部署网站。

任务设计：首先学习 Web 站点的相关知识，重点理解静态网页与动态网页的区别。在理解原理的基础上，学会动手创建网站，部署网站。

知识准备

1.4.1　网页概念与分类

1. 网页

网页(Web Page)是网站上的一个纯文本文件，它是 Web 服务中最基本的文档，能够在网络上传输并被客户端浏览器进行解析自动生成页面。网页通常采用 HTML、CSS、XML 等语言来描述，文字和图片是组成网页的两个最基本的元素，除此之外，网页的元素还包括超链接、声音、动画、视频、表格、导航栏、表单等。网页是构成网站的基本元素，是承载各种网站应用的平台。

2. 静态网页与动态网页

按照 Web 服务器响应方式的不同，可以将网页分为静态网页和动态网页。

1) 静态网页

所谓静态指的就是网站的网页内容固定不变，该页中的每一行 HTML 代码都是在放置到 Web 服务器前由网页设计人员编写的，当用户浏览器向 Web 服务器请求提供网页内容时，服务器仅仅是将原已设计好并存储在服务器中的静态页面文档传送给用户浏览器，无须经过服务器的编译。早期的 Web 站点大多是由多个静态 HTML 页面组成的。

静态网页是标准的 HTML 文件，通常以 ".htm"、".html"、".shtml"、".xml" 等形式为后缀，静态网页可以包含 HTML 标记、文本、客户端脚本以及客户端 ActiveX 控件等。

静态网页的特点如下。

(1) 网页内容不会发生变化，除非网页设计者修改了网页的内容。

(2) 不能实现和浏览网页的用户之间的交互。信息流向是单向的，即从服务器到浏览器。

(3) 静态网页无须服务器编译，具有较好的访问速度。

静态网页的执行过程如图 1.2 所示。

图 1.2　静态网页执行过程

网页设计客户端常用的工具有"网页三剑客"，包括 Dreamweaver、Flash 和 Fireworks。其中 Dreamweaver 主要进行静态客户端网页的设计与开发，Flash 主要进行动画制作，Fireworks 则针对网站/网页上使用的动态或静态图片进行处理，这 3 种工具功能强大，可以处理静态网站开发过程中常见的问题，其所见即所得的开发环境简单易学。

2) 动态网页

所谓动态网页一般指的是采用 JSP、ASP、PHP 等程序动态生成的页面，与网页上的各种动画、滚动字幕等视觉上的"动态效果"没有直接关系，该网页中的大部分数据内容来自与网站相连的数据库。动态网页其实就是建立在 B/S 架构上的服务器端程序，在浏览器端显示的网页是服务器端程序运行的结果，动态网页的特点如下。

(1) 动态网页通常结合了数据库技术，方便进行维护和更新。

(2) 动态网页技术增强了用户与服务器之间的交互，用户可以随时得到更新的数据，访问内容具有实时性，访问过程具有交互性。

动态网页的执行过程如图 1.3 所示。

图 1.3　动态网页执行过程

3) 静态网页与动态网页的区别

静态网页是事先写好的，内容相对固定。当用户访问时，浏览器直接显示，不需要经过服务器的编译；而动态网页不是事先写好的，当用户访问时，需要经过服务器的编译，并从与网站相连的数据库中获取数据，动态生成网页。

静态网页和动态网页最根本的区别是网页在服务器端运行状态不同，网页是否具有应用程序解释器和后台数据库支持，而不是指网页是否具有动感效果。使用了应用程序解释器和后台数据库的网页称为动态网页，反之为静态网页。

1.4.2　网站概念

网站(Website)又称为站点，是指在互联网上根据一定的规则使用 HTML 等工具制作的，用于展示特定内容的网页集合。站点的存放形式是将网页文件和素材文件有条理地放置在建立的站点文件夹里。

通常情况下，网站都有一个默认的页面，称为首页，又称为主页，用户在浏览器地址栏里输入网址后会自动打开主页，它是用户第一眼所看到的网页。网站的其他页面通过超链接与这个主页相连，这些页面通常称为子页面，用户可以通过单击相应的链接来访问子页面。因此主页是一个网站的核心页面，主页的设计要美观醒目，表现网站的风格，吸引用户的注意力。

网页与网站的区别简单来说，网站是由许多网页文件集合而成，多个网页通过超链接建立联系，形成一个整体，这个整体就是网站。而用户通过浏览器所看到的画面就是网页，网页对应于一个具体的文件，由浏览器来解读。

 任务实施

1.4.3　创建网站站点

下面以著名的网页制作工具 Dreamweaver CS4 为例来建立一个站点。使用 Dreamweaver CS4 创建站点有两种方式：使用向导一步一步地进行设置，或者通过在"管理站点"界面中设置"高级"选项卡信息来创建。无论哪种方式，都要事先在本地磁盘上建立一个用来存放站点的文件夹，这个文件夹就是本地站点的根目录。通常把网站的首页文件存放在站点根目录上，并把首页命名为 index.html 或 index.htm。在站点文件夹下可以建立多个子文件夹，用于存放图片、动画、应用程序、插件等，文件夹的命名最好与所存放的内容相关，以便查找。通常把存放图片的文件夹命名为 images，把存放 Flash 动画的文件夹命名为 flash。下面以使用向导建立站点为例介绍创建站点的具体步骤。

使用向导建立站点的步骤如下。

(1) 打开建立站点向导的方法有两种。

① 在进入 Dreamweaver 的起始页面中选择【新建】|【Dreamweaver 站点】命令，如图 1.4 所示。

② 选择【站点】菜单中的【新建】|【站点】命令，然后打开【基本】选项卡，如图 1.5 所示。

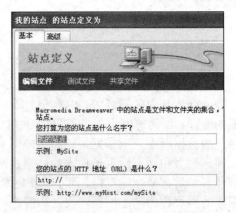

图 1.4　在起始页中新建站点　　　　图 1.5　设置站点名和 URL 地址

(2) 在图 1.5 所示的【站点定义为】对话框中，在【您打算为您的站点起什么名字？】文本框中输入站点名字，如这里使用默认站点名字"我的站点"。若已申请域名，则可以在【您的站点的 HTTP 地址(URL)是什么？】对话框中填入申请的域名地址。

(3) 单击【下一步】按钮，询问是否使用服务器技术，若是静态站点则选择【否，我不想使用服务器技术】单选按钮，若是动态站点则可以进一步设置使用哪一种服务器技术，如图 1.6 所示。

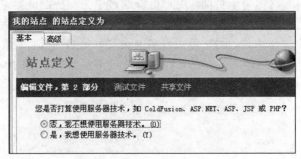

图 1.6　选择是否使用服务器技术

(4) 单击【下一步】按钮，在【您将把文件存储在计算机上的什么位置？】文本框中直接输入站点根目录的路径，或者单击 📁 按钮，选择文件夹目录，如图 1.7 所示。

(5) 单击【下一步】按钮，在【您如何连接到远程服务器？】对话框中选择一种连接到远程服务器的方式，这里选择【无】选项，如图 1.8 所示。

(6) 单击【下一步】按钮，对话框将显示前几步设置的总结，若须修改可单击【上一步】按钮返回并重新设置，若确定设置则单击【完成】按钮，如图 1.9 所示。

站点创建完成后将在【文件】选项卡中显示出站点的结构和文件，如图 1.10 所示。

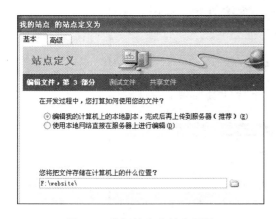

图 1.7　选择站点文件夹目录

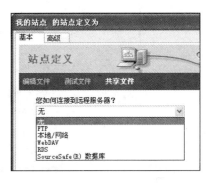

图 1.8　选择连接到远程服务器的方式

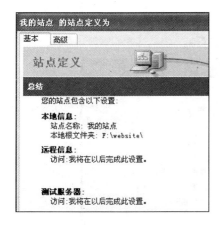

图 1.9　列出设置总结

图 1.10　站点目录结构

注意：本小节创建的站点是没有使用服务器技术的静态网站。

1.4.4　发布网站

当制作好网页后，需要部署网站，把网站发布出去，以便让互联网上的用户浏览到网站。首先需要申请一个域名作为网站的网址，然后需要在远程服务器申请一块空间，把网站代码上传到空间里，这时互联网上的用户就可以浏览网站了。下面举例说明网站的部署。

1. 空间申请

互联网上有很多运行商提供域名和空间申请，可以申请国内域名和国际域名，还有支持各种网站的服务器空间；另外有一些网站提供了免费的域名和空间，方便个人用户测试网站使用，本例将申请一个免费的二级域名和空间。输入网址 www.3v.cm，打开后在首页上单击【立即注册】，填写如图 1.11 所示的表单。

按照要求，在表单填写完整个人的信息。确定后，账户就申请成功了。账户申请成功的同时，免费空间和域名也同时生成了。这里申请的域名是免费的二级域名，如果申请的账户是 hello123，得到的免费二级域名就是 http://hello123.35free.net，免费空间是 100MB。申请成功的账户信息如图 1.12 所示。

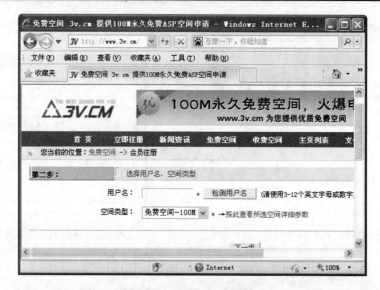

图 1.11　空间申请注册页面

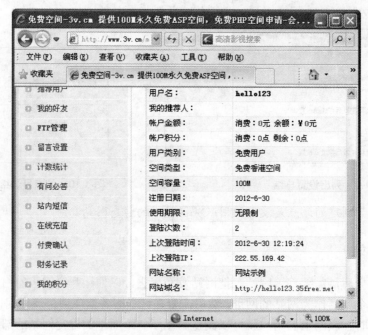

图 1.12　申请成功的账户信息

空间的 FTP 服务器地址是 180.178.58.44，把网站上传到远程空间时会用到这个地址。接下来学习怎样使用 FTP 上传工具将网站上传到刚申请到的远程空间。

2．网站上传

常用的 FTP 上传软件有 CuteFTP、FlashFXP 等，这些软件设置的方法基本一样，这里以 CuteFTP 为例，安装好这个软件运行后，主界面如图 1.13 所示。

接下来在 CuteFTP 上创建一个站点，如图 1.14 所示，单击菜单栏上【文件】菜单中【新建】选项下的【FTP 站点】选项，会出现图 1.15 所示的 FTP 站点设置窗口。

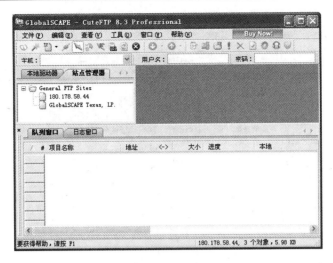

图 1.13 CuteFTP 主界面

图 1.14 新建 FTP 站点

图 1.15 FTP 站点设置

在窗口里填写相应信息，这里要填写申请空间的网站的 FTP 服务器地址 180.178.58.44，用户名和密码就是申请空间时的账户名和密码，单击【确定】按钮。接下来打开对话框上方的【操作】选项卡，在对话框的【当客户端连接时，切换到此本地文件夹】文本框中填入网站在本地存放的目录，也可以单击文本框后面的文件夹图标按钮进行选择，本例中网站存放在 "f:\website" 文件夹中，如图 1.16 所示。单击【确定】按钮，这时 FTP 站点已经设置好了。在 CuteFTP 界面上，可以看到刚才建立的【我的站点】的 FTP 连接，接下来右击【我的站点】选项，在出现的快捷菜单中选择【连接】选项，就会向 FTP 服务器提出连接请求，如图 1.17 所示。当登录成功后就可以上传网站了，并且出现图 1.18 所示的窗口。

图 1.16 为 FTP 站点设置本地文件夹

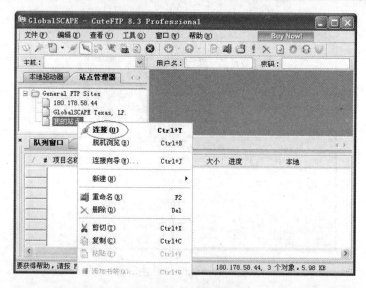

图 1.17　连接请求

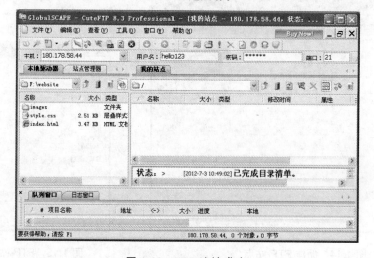

图 1.18　FTP 连接成功

在 FTP 连接成功后，CuteFTP 主界面如图 1.18 所示，左边的窗口是本地目录，右边的窗口是远程空间目录，发布网站就是把整个网站的源代码从本地目录上传到远程空间服务器上。上传成功后，任何可以连接到 Internet 的电脑都可以通过域名浏览该网站。

在主界面左边的窗口选择要上传的文件和文件夹，本例是上传整个网站，也就是选中窗口中所有的文件和文件夹，然后对选中内容右击，如图 1.19 所示，选择【上载】选项，这时所选内容开始上传到远程空间。

在窗口下面的状态栏可以看到正在上传的文件和上传的状态。上传完成后，如图 1.20 所示，本地和远程站点的文件完全相同。

当在浏览器中输入已经申请好的域名"http://hello123.35free.net"时，就可以在因特网上看到刚刚上传的网站，网站显示效果和本地显示效果是一样的。本例上传的是一个教材介绍网站，效果如图 1.21 所示。

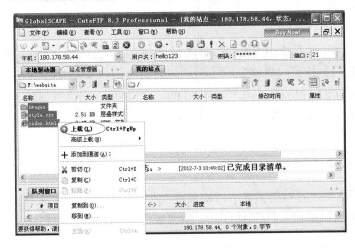

图 1.19　上传整个网站

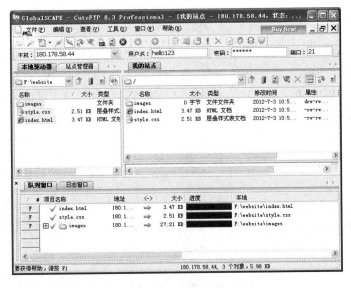

图 1.20　上传网站成功

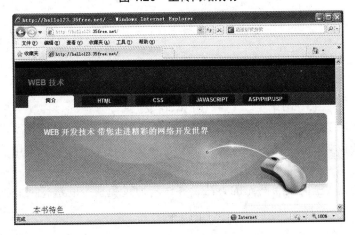

图 1.21　上传网站测试效果

3. 网站更新

如果要修改网站，只需要在本地修改好文件后，把修改的文件上传到远程空间即可，而不需要上传整个网站，上传完成后就完成了网站的更新。例如要修改网站首页(例子中选择更新的文件名为 index.html)，只需在本地将 index.html 文件修改，调试好以后，在本地目录选择本地 index.html 文件，将其上传至远程空间里，这样就完成了网站的更新。

 经验之谈：

选择网站空间需要考虑以下因素：网站空间的大小、操作系统(如支持 Linux 或 Windows)、对一些特殊功能如数据库的支持(MySQL 或 Access 等)、网站空间的稳定性和速度、网站空间服务商的专业水平等。

小　　结

本章主要介绍了 Web 技术的基本概念，包括 Web 的工作机制、Web 站点技术的相关知识，读者可以从中学到 Web 技术基础、站点的创建与发布等知识，更重要的是对课程定位有清楚的认识，明确今后的学习目标。

重 要 术 语

Web	IP	静态网页
因特网(Internet)	动态网页	URL
域名	网站	

自 我 测 试

应用题

1．试述 Web 的概念，定义并解释以下术语。

(1) IP 地址　　　(2) 域名　　　(3) URL

(4) 网页　　　(5) 网站　　　(6) Web 数据库

2．Web 是如何工作的？

3．静态网页和动态网页的区别与联系分别是什么？有哪些技术分别用于开发静态网页和动态网页？

4．简述通过免费空间发布网站的方法，并试着通过免费空间进行网站部署。

第2章　HTML 基础

知识目标	技能目标
(1) 了解 HTML 的功能及应用 (2) 掌握 HTML 文件的基本结构 (3) 掌握 HTML 文本标记的使用 (4) 掌握 HTML 多媒体标记的使用 (5) 熟练掌握图片和文字的链接技术	(1) 能够熟练利用文本标记，实现网页文本的排版 (2) 在网页中能熟练应用多媒体元素 (3) 能制作简单而精美的静态网页 (4) 能熟练运用超链接技术，实现多个页面之间的跳转

 章节导读

　　网页制作技术的发展日新月异，通过浏览网页，可以足不出户，纵观天下。静态网页是一种存储在 Web 服务器上，通过 Web 进行传输并被浏览器解析和显示的 HTML 文件。通过本章的学习，将会使用 HTML 文本标记、多媒体标记设计出简单的静态网页。

任务 2.1　了解 HTML 基础及页面结构

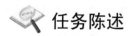 任务陈述

　　任务构思与目标：使用 HTML 的基础知识，设计"设置了背景色和文本色的网页"，页面效果如图 2.1 所示。

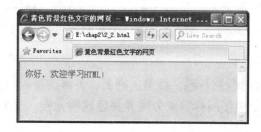

图 2.1　设置了背景色和文本色的网页

任务设计：新建静态页面，使用 HTML 基础知识：HTML 文件结构、页面结构标记，设计图 2.1 所示的设置了背景色和文本色的网页。

 知识准备

HTML(Hyper Text Markup Language，超文本标记语言)是一种用来制作超文本文档的简单标记语言，用其编写的超文本文档称为 HTML 文档，它独立于各种操作系统平台，自 1990 年以来 HTML 就一直被用作 WWW(World Wide Web，万维网)的标准表示语言，HTML 文件通过 Web 浏览器显示出效果。

所谓超文本是因为它可以加入图片、声音、动画、影视等内容，事实上每一个 HTML 文档都是一种静态的网页文件，这个文件里面包含了 HTML 指令代码，这些指令代码并不是一种程序语言，它只是一种排版网页中资料显示位置的标记结构语言，易学易懂，非常简单。HTML 的普遍应用带来了超文本的技术——通过链接从一个主题跳转到另一个主题，从一个页面跳转到另一个页面，与世界各地主机的文件链接，直接获取相关的主题。

在介绍和认识 HTML 之前，先介绍一个简单的 HTML 文件及其在浏览器上的显示效果。

1. 一个简单的 HTML 案例

【例 2-1】打开记事本，编写一个 HTML 文件。

```
<html>
<head>
<title>我制作的第一个网页</title>
</head>
<body>
你好，欢迎学习 HTML！
</body>
</html>
```

【程序分析】在浏览器(如 Internet Explorer)中运行文件，结果如图 2.2 所示。从上面的代码可以看出，一个网页包含头信息<head></head>和主题部分<body></body>。

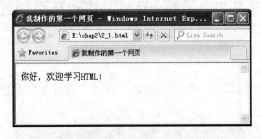

图 2.2　一个 HTML 网页

2. HTML 文件的结构

一个完整的 HTML 文件包括标题、段落、列表、表格以及各种嵌入对象，这些对象统称为 HTML 元素。在 HTML 中使用标签来分隔并描述这些元素。一个 HTML 文件的基本结构如下：

```
<html>          /*文件开始标记*/
<head>          /*文件头开始的标记*/
…               /*文件头的内容*/
</head>         /*文件头结束的标记*/
<body>          /*文件主体开始的标记*/
…               /*文件主体的内容*/
</body>         /*文件主体结束的标记*/
</html>         /*文件结束标记*/
```

从上面的代码结构可以看出，在 HTML 文件中所有的标记都是相对应的，开头标记为<>，结束标记为</>，在这两个标记中间添加内容。

有了标记作为文件的主干后，HTML 文件中便可添加属性、数值、嵌套结构等各种类型的内容了。

3. HTML 的标记和元素

既然 HTML 是超文本标记语言，那么可以想象其构成主要通过使用各种标记来标示和排列各对象，通常由尖括号 "<"、">" 以及其中所包容的标记元素组成。例如，<head>与</head>就是一对标记，称为文件的头部标记，用来记录文档的相关信息。

在 HTML 中，所有的标记都是成对出现的，而结束标记总是在开始标记前增加一个 "/"。标记与标记之间可以嵌套，也可以放置各种属性。此外在源文件中，标记是不区分大小写的，因此在 HTML 源程序中，<Head>与<HEAD>的写法都是正确的，其含义是相同的。

4. HTML 页面结构标记

HTML 定义了 3 种标记用于描述页面的整体结构。

(1) <html>标记：HTML 文档的第 1 个标记，它通知客户端该文档是 HTML 文档，类似地，结束标记</html>出现在 HTML 文档的尾部。

(2) <head>标记：出现在文档的起始部分，标明文档的头部信息，一般包括标题和主题信息，其结束标记</head>指明文档标题部分的结束。

(3) <body>标记：用来指明文档的主体区域，该部分包容网页主体内容，结束标记</body>指明主体区域的结尾。

在<body>和</body>中放置的是页面中所有的内容，如图片、文字、表格、表单、超链接等。<body>标签有自己的属性，见表 2-1，通过设置 <body>标签的属性可控制整个页面的显示方式。

表 2-1　<body>标签的属性

属　性	描　述	属　性	描　述
bgcolor	设定页面背景颜色	link	设定页面默认的链接颜色
background	设定页面背景图像	alink	设定鼠标正在单击时的链接颜色
leftmargin	设定页面的左边距	vlink	设定访问后链接文字的颜色
topmargin	设定页面的上边距	text	设定页面文字的颜色

小提示：

网页中颜色属性的值有多种表示方法，可使用 6 个十六进制数表示的 RGB 颜色(RGB 即红、绿、蓝三色的组合)，如#ff0000 对应的是红色；也可以使用 RGB 函数的十进制形式，如 RGB(255，0，0)也表示红色；还可以使用 HTML 所给定的常量名来表示颜色，如<body text="red">表示设置文本色为红色。

 ## 任务实施

5. 应用 HTML 基础知识设计网页

综合应用上述 HTML 的基础知识，使用 HTML 文件的结构知识搭建起文件的结构，使用 body 标记的属性对网页进行设置，代码如下所示：

```
<html>
<head>
<title>黄色背景红色文字的网页</title>
</head>
<body bgcolor="yellow" text="RGB(255,0,0)">
你好,欢迎学习 HTML!
</body>
</html>
```

【程序分析】<body>标记中的 bgcolor 表示网页的背景色，text 代表网页中的文字效果。执行文件，效果如图 2.1 所示。

任务 2.2　HTML 文本标记的使用

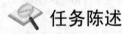 ## 任务陈述

任务构思与目标：设计图 2.3 所示的博客注册页面，注意页面文字的多样性效果。

任务设计：综合应用 HTML 文本标记，实现博客注册页面文字的多样效果。

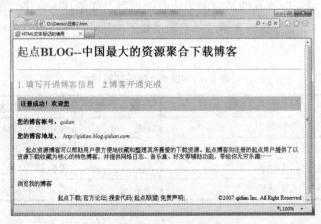

图 2.3　文本标记的综合应用

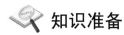 **知识准备**

在网页创作中，文字是最基本的元素之一。通过 HTML 各种文字标记的使用，增加文字的易读性，并达到视觉艺术及传达的功能是网页创作者追求的目标。

2.2.1　标题标记

<hn>标签用于设置网页中的标题文字，被设置的文字将以黑体或粗体的方式显示在网页中。标题标签的格式如下。

```
<hn align=参数）标题内容</hn>
```

说明：<hn>标签是成对出现的，<hn>标签共分为 6 级，<h1>...</h1>之间的文字就是第一级标题，是最大最粗的标题；<h6>...</h6>之间的文字是最后一级标题，是最小最细的标题文字。align 属性用于设置标题的对齐方式，其参数为 left(左)、center(中)、right (右)。<hn>标签本身具有换行的作用，标题总是从新的一行开始。

【例 2-2】标题标记的使用，源代码如下：

```html
<html>
<head>
<title>标题标记学习</title>
</head>
<body>
<h1>一级标题</h1>
<h2>二级标题</h2>
<h3>三级标题</h3>
<h4>四级标题</h4>
<h5>五级标题</h5>
<h6>六级标题</h6>
</body>
</html>
```

【程序分析】<h1>至<h6>分别对应网页的 6 种标题格式，用浏览器打开文件，效果如图 2.4 所示。

图 2.4　标题标记学习

2.2.2 段落标记

在浏览网页时会发现，一篇文字页面往往包含多个段落，而每个段落中又包含多行数据。本节将讲解控制换行标记
和段落标记<p>。

1. 控制换行标记

换行标签
是个单标签，也叫空标签，不包含任何内容，在 HTML 文件中的任何位置只要使用了
标签，当文件显示在浏览器中时，该标签之后的内容将显示在下一行。

语法：

说明：一个
标记代表一个换行，连续的多个标记可以多次换行。

2. 段落标记<P>

在 HTML 语言中，段落通过<p>标记来表示。语法格式如下：

```
<p>
<p align= 参数>
```

其中，align 是<p>标签的属性，属性有 3 个参数 left、center、right。这 3 个参数设置段落文字的左、中、右位置的对齐方式。

【例 2-3】设置段落样式的源代码如下：

```
<html>
<head>
<title>测试分段控制标签</title>
</head>
<body>
<p>花儿什么也没有.它们只有凋谢在风中的轻微、凄楚而又无奈的吟怨,
就像那受到了致命伤害的秋雁,悲哀无助地发出一声声垂死的鸣叫.</p>
<p align="right">或许,这便是花儿那短暂一生最凄凉、最伤感的归宿.</p>
<p align=center>而美丽苦短的花期</p>
<p align="left">却是那最后悲伤的秋风挽歌中的瞬间插曲.</p>
</body>
</html>
```

【程序分析】标记<p>表示一段文字，用浏览器打开文件，效果如图 2.5 所示。

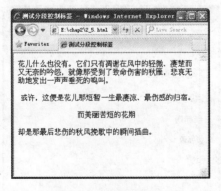

图 2.5 段落样式示例

3．水平线标记<hr>

<hr>标签是水平线标签，可单独使用，用于段落与段落之间的分隔，使文档结构清晰明了，使文字的编排更整齐。通过设置<hr>标签的属性值，见表 2-2，可以控制水平分隔线的样式。

表 2-2　<hr>标签的属性

属　　　性	值	功　　　能
size	pixels	设置水平分隔线的粗细
width	Pixels　%	设置水平分隔线的宽度
align	left、center、right	设置水平分隔线的对齐方式
color		设置水平分隔线的颜色
noshade	noshade	取消水平分隔线的 3D 阴影

【例 2-4】设置水平线效果的代码如下：

```
<html>
<head>
<title>添加水平线</title>
</head>
<body>
    <center>
        <h4><strong>忆秦娥　娄山关</strong></h4>
        <hr color="#FF6600" width="400" size="5" noshade="noshade">
        <p>西风烈,长空雁叫霜晨月.</p>
        <p>霜晨月,马蹄声碎,喇叭声咽.</p>
        <p>雄关漫道真如铁,而今迈步从头越.</p>
        <p>从头越,苍山如海,残阳如血.</p>
        <hr color="#006633" width="400">
            一九三五年二月　毛泽东
    </center>
</body>
</html>
```

【程序分析】运行代码，可以看到<hr>标记在网页中代表一条水平线，如图 2.6 所示。

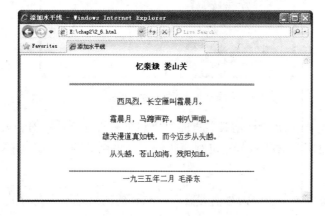

图 2.6　添加水平线示例

2.2.3 分区显示<div>、<span>标记

HTML 的标签大都有特定意义，例如：P 表示段落文字，TABLE 表示表格，H1 表示文件中的标题；然而还有一些标记，如分区显示标记<div>和<span>，它们并无实际意义，而是被当做容器一样，将不同的 HTML 内容组织在一起。

1. 标记<div>

<div> 标签属于区块级(block-level)元素，可以把文档分隔为独立的、不同的部分，可以包含段落、标题、表格，乃至诸如章节、摘要和备注等，它可以用作严格的组织工具。

【例 2-5】设置分块效果的页面代码如下：

```
<html>
<head>
<title>分区显示标记 div</title>
</head>
<body>
    <div align="center" style="background:#00FF00;width=200;height=200">
<!--该 div 中 style 属性定义了该区块为长、宽均为 200px,背景色为绿色的方块-->
<h3>锄禾</h3>
<p>锄禾日当午</p>
<p>汗滴禾下土</p>
<p>谁知盘中餐</p>
<p align="center">粒粒皆辛苦</p>
</div>
</body>
</html>
```

对应的效果如图 2.7 所示。

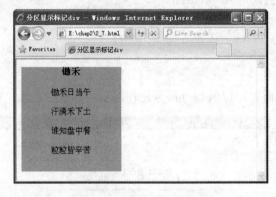

图 2.7 分区标记<div>

【程序分析】<div>标记相当于容器，里面可以包含多种元素，它的强大功能主要依赖于属性 style 即样式表，这将在后续章节中讲到，此处不作重点讲解。

2. 标记<span>

<span> 标签用来组合文档中的行内元素，<span>的前后是不会换行的。

例如：

```
<p><span>some text.</span>some other text.</p>
```

解释：

如果不对 span 应用样式，那么 span 元素中的文本与其他文本不会有任何视觉上的差异。尽管如此，上例中的 span 元素仍然为 p 元素增加了额外的结构。

若把例 2-5 中的"汗滴禾下土"的代码改为：

```
<p>汗<span style="color:#ff0000;font-weight:bold">滴禾下</span>土</p>
```

则程序变为图 2.8 所示的效果。

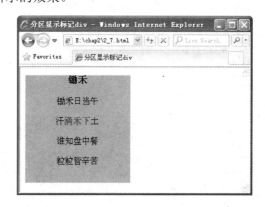

图 2.8 行内标记<span>

从图 2.8 中可以看到"滴禾下"3 个字被<span>中的样式表改为红色且字体加粗。

3. <div>与<span>的区别

如果用 id 或 class 来标记<div>，那么该标签的作用会变得更加有效。分层标记的区别见表 2-3。

表 2-3 分层标记

标记名称	标记形式	说　　　明
< div>	< div> ...< /div>	(1) 该标记是块级标记，它可以用于包含各种各样的块级和行级标记，定义内容为块级内容 (2) 使用 div 会自动换行
<span>	<span>...</span>	(1) 该标记是行级标记，它可以用于包含各种各样的行级标记，定义内容为行级内容 (2) 使用 span 仍然保持同行

2.2.4 字体标记

1. 文字格式控制标记

<font>标签用于控制文字的字体、大小和颜色，并通过属性设置来实现控制。语法格式如下：

```
<font face=值1 size=值2 color=值3）文字 </font>
```

font 标签的属性见表 2-4。

表 2-4 font 标签的属性

属　性	使用功能	默认值
face	设置文字使用的字体	宋体
size	设置文字的大小	3
color	设置文字的颜色	黑色

说明：如果用户的系统中没有 face 属性所指的字体，则将使用默认字体。size 属性的取值为 1~7。也可以用"+"或"−"来设定字号的相对值。color 属性的值为：RGB 颜色"#nnnnnn"或颜色的名称。

【例 2-6】控制文字格式，页面 HTML 代码如下：

```
<html>
<head>
<title>控制文字的格式</title>
</head>
<body>
<font face="黑体" size=6 color="red" >盼</font><font  face="迷你简卡
通" size=+3 color="green">望着,盼望着,东风来了,春天脚步近了.
</font>
</body>
</html>
```

【程序分析】对应的效果如图 2.9 所示，<font>标记可以自由控制字体的大小、字体形状和颜色。

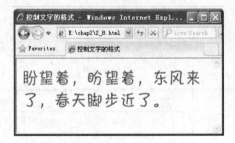

图 2.9 控制文字的格式

2. 特殊文字标记

在有关文字的显示中，常常会使用一些特殊的字形或字体来强调、突出、区别以达到提示的效果。在 HTML 中用于这种功能的标签可以分为两类：物理类型和逻辑类型。

1) 物理类型

物理类型指使用一些标记来改变字体显示时的形状以产生某种强调和突出的效果。常见标记见表 2-5。

表 2-5 常见的物理类型标记

属　性	描　述	属　性	描　述
<B>…</B>	文本以黑体字的形式输出	[…]	文本以上标的形式输出
<I>…</I>	文本以斜体字的形式输出	_…	文本以下标的形式输出

续表

属　　性	描　　述	属　　性	描　　述
`<U>…</U>`	文本以加下划线的形式输出	`<SMALL>…</SMALL>`	文本以小字体的形式输出
`<S>…</S>`	文本以删除线的形式输出	`<BIG>…</BIG>`	文本以大字体的形式输出

2) 逻辑类型

逻辑类型是使用一些标签来改变字体的形态和式样，以便产生一些浏览者习惯的或约定的显示效果，常用的逻辑类型标签有 4 种，放在标签之间的文字受其控制，见表 2-6。

表 2-6　常见的逻辑类型标记

属　　性	描　　述
`<EM>…</EM>`	输出需要强调的文本(通常是斜体加黑体)
`<STRONG>…</STRONG>`	输出加重文本(通常也是斜体加黑体)
`<CITE>…</CITE>`	输出引用方式的字体(通常是斜体)
`<DEL>…</DEL>`	为文本加上删除线

【例 2-7】设置网页文本的字符样式，对应的 HTML 代码如下：

```html
<html>
<head>
<title>设置网页文本的字符样式</title>
</head>
<body>
<h2 align="center">设置不同的字符样式</h2>
  <center>
      <p><strong>粗体:网页制作</strong></p>
      <p><em>斜体:网页制作</em></p>
      <p><u>下划线:网页制作</u></p>
      <p><s>删除线:网页制作</s></p>
      <p>上标: a<sup>2</sup>+b<sup>2</sup>=c<sup>2</sup></p>
      <p>下标: C+O<sub>2</sub>=CO<sub>2</sub></p>
  </center>
</body>
</html>
```

【程序分析】用表 2-6 所示的文字标记可以实现不同的文字特效，如图 2.10 所示。

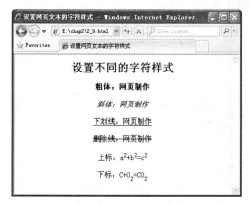

图 2.10　设置网页不同的字符样式

3. 特殊字符

在 HTML 文档中，有些字符没办法直接显示出来，例如 "?" 和 "." 使用特殊字符可以将键盘上没有的字符表达出来，而有些 HTML 文档的特殊字符在键盘上虽然可以得到，但浏览器在解析 HTML 文当时会报错，例如 "<" 等，为防止代码混淆，必须用一些代码来表示它们，见表 2-7。

表 2-7　HTML 几种常见特殊字符及其代码表

特殊或专用字符	字符代码	特殊或专用字符	字符代码
<	&lt;	©	&copy;
>	&gt;	×	&times;
&	&amp;	®	&reg;
"	&quot;	空格	

【例 2-8】设置网页文本的特殊字符，页面 HTML 代码如下：

```html
<html>
<head>
<title>输入特殊符号</title>
</head>
<body>
    引号:&quot;<br>
    左尖括号:&lt;<br>
    右尖括号:&gt;<br>
    乘号:&times;<br>
    小节符号:&sect;<br>
    版权所有的符号:&copy;<br>
    已注册的符号:&reg;<br>
    商标符号:&trade;<br>
</body>
</html>
```

执行代码后的运行效果如图 2.11 所示。

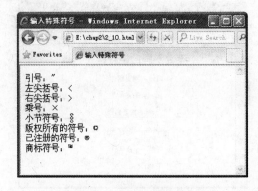

图 2.11　特殊字符示例

经验之谈：

在输入空格时，" "表示一个英文字母大小的空格，一个汉字需要两个 " "。在网页中有时会遇到空格比较多的情形，此时可将输入法切换到中文全角状态下，一个空格代表两个 " " 的位置大小。

2.2.5　注释标记

在 HTML 文档中可以加入相关的注释标记，便于查找和记忆有关的文件内容和标识，这些注释内容并不会在浏览器中显示。

注释标签的格式如下：

```
<!--注释的内容-->
```

【例 2-9】注释标记的应用，页面 HTML 代码如下：

```
<html>
<head>
<title>注释的应用</title>
</head>
<body>
<!--周杰伦的"不能说的秘密"-->
    <p>最美的不是下雨天,是曾与你躲过雨的屋檐.</p>
    <!--梁静茹的"宁夏"-->
  <p>宁静的夏天 天空中繁星点点.</p>
<!--小虎队的"青苹果乐园"-->
    <p>周末午夜别徘徊,快到苹果乐园来.</p>
</body>
</html>
```

【程序分析】用浏览器打开文件，效果如图 2.12 所示。从效果图中可以观察到，代码中所有加注释标记<!-- -->的内容在网页浏览时均未显示。

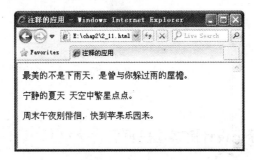

图 2.12　注释标记示例

2.2.6　预定格式标记

在网页创作中，有时需要一些特殊的排版效果，如空格、制表符等，使用标记控制会比较麻烦。解决的方法是使用<pre>标记保留文本格式的排版效果。

语法：<pre>文字</pre>

说明：在标记之间的文字会保留文档中的空白，保留原始的文本排版效果。

【例2-10】设置网页文本的字符样式，代码如下：

```
<!--使用标记保留文字的排版效果-->
<html>
  <head>
    <title>保留原始排版方式</title>
  </head>
  <body>
    <p>下面是原始文字的排版效果:</p>
    <pre>
        O O              K      K
      O        O        K    K
    O            O      K  K
    O            O      KK
    O            O      K  K
      O        O        K      K
        O O              K          K
    </pre>
  </body>
</html>
```

【程序分析】预定义格式效果将保持网页显示结果与输入文本格式完全一致，如图 2.13 所示。

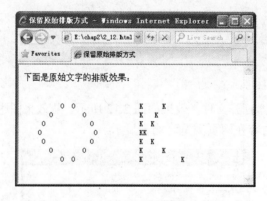

图2.13 预定义格式标记效果

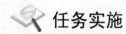 ## 任务实施

2.2.7 综合应用文本标记设计博客注册页面

综合应用文本标记及其相关属性，设计博客注册页面，代码如下：

```
<html>
  <head>
  <title>文字案例</title>
  </head>
```

```
    <body>
    <h1><font face="楷体_GB2312" color="#FF0000">起点 BLOG</font>--中国最大的资
源聚合下载博客</h1><hr />
    <p><font face="文鼎中特广告体" color="#999999" size="+2">1.填写开通博客信息
</font>    <font face="文鼎中特广告体" color="#FF6600" size=
"+2"> 2.博客开通完成</font></p>
    <p style="background-color:#FFCC33;padding:10px;"><b>注册成功! 欢迎您</b></p>
    <p><strong>您的博客帐号:</strong><font color="blue"><i>qidian</i></font>
    <p><strong>您的博客地址:</strong> <font color="blue"><em>http://qidian.
blog.qidian.com</em></font>
    <p><font color="#999999">      起点资源博
客可以帮助用户很方便地收藏和整理其所喜爱的下载资源.起点博客向注册的起点用户提供了以资源下载收
藏为核心的特色博客,并提供网络日志、音乐盒、好友等辅助功能,带给你无穷乐趣...</font></p><hr />
    <p>浏览我的博客</p>
    <p align="right"><font color="#999999">起点下载| 官方论坛| 搜索代码| 起点联
盟| 免责声明|</font>        
             ©2007
qidian Inc. All Right Reserved </p>
    </body>
    </html>
```

任务 2.3　使用页面多媒体技术

任务陈述

任务构思与目标：使用多媒体技术，实现图 2.14 所示的图文混排案例效果。

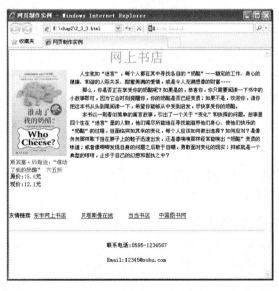

图 2.14　图文混排案例

任务设计：使用 HTML 文本标记、图像标记与布局标记 TABLE，设计良好的图文排版效果。

知识准备

在网页的设计过程中，各种多媒体元素的插入，会使网页更加生动灵活、丰富多彩，如图 2.15 所示的网上商城。如果要使自己的购物网站更具竞争力，鲜亮的颜色搭配、丰富的商品图片和动态的宣传效果都是必不可少的环节。

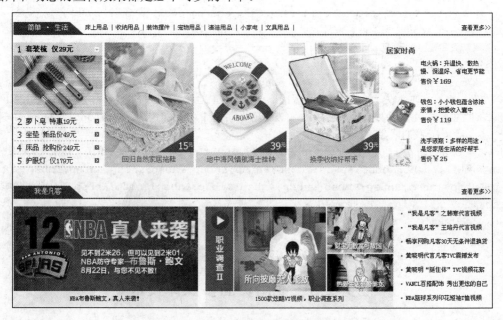

图 2.15 "凡客诚品"网站截图

2.3.1 图像标记

图像可以使 HTML 页面美观生动且富有生机。浏览器可以显示的图像格式有 jpeg，bmp，gif。其中 bmp 文件存储空间大，传输慢，不提倡用，常用的 jpeg 和 gif 格式的图像相比较，jpeg 图像支持数百万种颜色，即使在传输过程中丢失数据，也不会在质量上有明显的不同，占位空间比 gif 大，gif 图像仅包括 256 色彩，虽然质量上没有 jpeg 图像高，但它具有占位储存空间小，下载速度最快，支持动画效果及背景色透明等特点。因此使用图像美化页面可视情况而决定使用哪种格式。

1. 背景图像的设定

在网页中除了可以用单一的颜色做背景外，还可用图像做背景。

设置背景图像的格式如下：

```
<body background= "image-url">
```

其中"image-url"指图像的位置。

【例 2-11】为网页设置背景图片，对应的 HTML 代码如下：

```
<html>
    <head>
    <title>背景图片</title>
```

```
    </head>
    <body background="images/4.jpg">
        <h2 align="center"><font color="#FF0000">欢迎学习 HTML! </font></h2>
    </body>
</html>
```

浏览器运行效果如图 2.16 所示。

图 2.16　背景图像的设置

2. 网页中插入图片标签<img>

网页中插入图片用单标签<img>，当浏览器读取到<img>标签时，就会显示此标签所设定的图像。如果要对插入的图片进行修饰，需要使用标签<img>的属性，见表 2-8。

表 2-8　图片标签<img>的属性

属　　性	描　　述
src	图像的 url 路径
alt	提示文字
width	宽度。通常只设为图片的真实大小，以免失真，改变图片大小最好用图像工具
height	高度。通常只设为图片的真实大小，以免失真，改变图片大小最好用图像工具
dynsrc	avi 文件的 url 路径
loop	设定 avi 文件循环播放的次数
loopdelay	设定 avi 文件循环播放延迟
start	设定 avi 文件的播放方式
lowsrc	设定低分辨率图片，若所加入的是一张很大的图片，可先显示图片
usemap	映像地图
align	图像和文字之间的排列属性
border	边框
hspace	水平间距
vlign	垂直间距

<img>的格式及一般属性设定如下。

```
    <img src="logo.gif" width=100 height=100 hspace=5 vspace=5 border=2 align="top"
alt="Logo of PenPals Garden" lowsrc="pre_logo.gif">
```

【例2-12】在网页中普通插入图片，对应的 HTML 代码如下：

```html
<html>
    <head>
        <title>插入图片</title>
    </head>
    <body>
    <!--下面一段代码的功能即:插入一张图片-->
    <p><img src="pic/2.jpg"/>正常图像,鼠标放上去显示"书本"</p>
    <!--该图片代码一会儿将做修改 -->
    </body>
</html>
```

修改效果 1：

```html
    <p><img src="pic/2.jpg" alt="书本" width="100" height="200"/>限定图像大小,鼠标放上去,会显示提示信息"书本"</p>
```

修改效果 2：

```html
    <p><img src="pic/2.jpg" border="1" align="middle"/>图像边框为1px,且图文居中对齐</p>
```

修改效果 3：

```html
    <p><img src="pic/2.jpg" border="1" align="middle" hspace="20"/>图像边框为 1px,图文居中对齐,前后水平距离 20px</p>
```

浏览器浏览 4 种代码效果，分别对应图 2.17 的 4 种情形。

 正常图像，鼠标放上去显示"书本"

 限定图像大小，鼠标放上去，会显示提示信息"书本"

 图像边框为1px，且图文居中对齐

 图像边框为1px，图文居中对齐，前后水平距离20px

图 2.17　插入图片效果

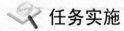 任务实施

2.3.2　图文混排案例

这里可以将整个页面分成图 2.18 所示的 4 个模块。

图 2.18　图文混排案例

第一部分：借助表格<table>来完成。

网上书店

图片	段落文字："人生如"迷宫"，……"
图书简介	

该表格对应的框架代码如下：

```
<table border="0" width="100%">
<!--表格标题部分-->
  <caption>
  <font  face="隶书" size="6"  color="#ff00ff">网上书店</font>
  </caption>
  <!--tr 是表格行标记,td 是单元格标记-->
  <tr>
    <td  width="150"  valign="top" align="center">
    <img src="images/20012751-1_b.jpg" width="131" border="0" >   </td>
  <!--rowspan 表示两行单元格合并-->
    <td width="1019" rowspan="2" valign="top">
      <p style="line-height:150%; font-size:12px">     人生犹如"迷宫",……
    </td>
  </tr>
  <!--第二行数据-->
    <tr valign="top">
      <td width="150" height="104" ><font color="#FF0000" size="2">斯宾塞·约
翰逊</font><font size="2" color="#003399">:"谁动了我的奶酪"</font>
          <font color="#cc0000" size="2">六五折</font>
            <font size="2"><br>
              原价:<font color="#ff0000">18.6</font>元<br>
```

```
                    现价:<font coor="#ff0000">12.1</font>元</font>  </td>
    </tr>
     </table>
```

第二部分:"友情链接"部分用段落标签 p 来完成。

第三部分:<hr>一条横线。

第四部分:"联系电话"和"E-mail"是两个段落标签 p。

完整的代码如下:

```
<html>
    <head>
    <title>图文混排案例</title>
    </head>
    <body topmargin="0" leftmargin="0">
     <!--第一部分:表格代码,此处略-->
    …… ……
    <!--第二部分:友情链接-->
    <p> <font size="2">友情链接
    <a target="_blank" href="http://www.dongyubooks.com/"> 东宇网上书店</a>   
    <a target="_parent" href="http://www.bolchina.com/">贝塔斯曼在线</a>   
    <a href="http://www.dangdang.com/">当当书店<a>  
    <a  href="http://www.bookschina.com/">中国图书网 </a>
      </font>
    </p>
    <!--第三部分:横线-->
    <hr>
    <!--第四部分:联系电话和 Email-->
    <p align="center"><font size="2">联系电话:0595-1234567</font></p>
    <p align="center"><font size="2">Email:12345@sohu.com</font></p>
    </body>
    </html>
```

巩固与拓展

2.3.3 音乐和影像文件

1. 背景音乐

在网页中,除了可以嵌入普通的声音文件外,还可以为某个网页设置背景音乐。作为背景音乐的可以是音乐文件,也可以是声音文件,其中最常用的是 midi 文件。

语法:<bgsound src=背景音乐的地址 loop=循环次数>

说明:作为背景音乐的文件还可以是 avi 文件、mp3 文件等声音文件。

【例 2-13】为网页设置背景音乐,对应的 HTML 代码如下:

```
<html>
    <head>
      <title>背景音乐</title>
      <style type="text/css">
```

```
       <!--
         body {
         margin-top: 0px;
         }
         -->
      </style></head>
    </head>
    <body bgcolor="#000000">
  <!--添加背景音乐,且循环播放 3 遍 -->
      <bgsound src="exam02.mid" loop="3">
      <center>
       <img src="images/26.jpg" />
      </center>
    </body>
  </html>
```

【程序分析】当用浏览器打开该网页时,音乐在自动播放 3 次后自动停止。如果不指定 loop 参数,则音乐默认播放一次;如果 loop=Infinite,则表示重复多次。

2. 影像文件

在网页中常见的多媒体文件包括声音文件和视频文件。

语法:<embed src="多媒体文件地址"width=播放界面的宽度 height=播放界面的高度></embed>

说明:在该语法中,width 和 height 一定要设置,单位是 px,否则无法正确显示播放多媒体文件的软件。其他常用属性见表 2-9。

表 2-9　影响文件常用属性

属　　性	描　　述
src="filename"	设定音乐文件的路径
autostart=true/false	是否要音乐文件传送完就自动播放,true 是要,false 是不要,默认为 false
loop= true/false	设定播放重复次数,loop=6 表示重复 6 次,true 表示无限次播放,false 播放一次即停止
startime="分:秒"	设定乐曲的开始播放时间, 如 20 秒后播放写为 startime=00:20
volume=0-100	设定音量的大小。如果没设定的话,就用系统的音量
width height	设定播放控件面板的大小
hidden=true	隐藏播放控件面板
controls=console/smallconsole	设定播放控件面板的样子

【例 2-14】在网页中嵌入视频文件,对应的 HTML 代码如下:

```
<html>
<head>
<title>视频</title>
</head>
```

```
<body>
<embed src="sound/movie.wmv" width="285" height="231"></embed>
</body>
</html>
```

【程序分析】当用浏览器打开该网页时，将自动播放视频，如图 2.19 所示。

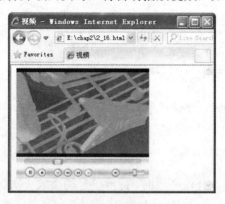

图 2.19　在网页中插入视频

任务 2.4　超链接标记的使用

 ## 任务陈述

任务构思与目标：掌握超链接标记的使用。

任务设计：分类掌握各种超链接：文本的超链接，图像的超链接。

 ## 知识准备

HTML 使用超链接与网络上的另一个文档相连。几乎可以在所有的网页中找到链接，单击链接可以从一个页面跳转到另一个页面。

超链接可以是一个字、一个词，或者一组词，也可以是一幅图像，当把鼠标指针移动到网页中的某个链接上时，箭头会变为一只小手，可以单击这些内容来跳转到新的文档或者当前文档中的某个部分。

使用<a>标签在 HTML 中创建链接，语法格式如下：

```
<A href="文件名">链接元素</A><A href="URL">链接元素</A>
```

 ## 任务实施

2.4.1　文本的超链接

网页中，文本链接是最常见的一种链接。链接的 HTML 代码很简单，如下所示：

```
<a href="链接地址" target="目标窗口打开方式 ">Link text</a>
```

开始标签和结束标签之间的文字被作为超级链接来显示。

href 属性：规定链接的目标。

target 属性：设定链接被单击之后，目标窗口的打开方式。可选值为：_blank、_parent、_self、_top 等，见表 2-10。

表 2-10　目标窗口打开方式

target 值	目标窗口的打开方式
_parent	在上一级窗口打开，常在分帧的框架页面中使用
_blank	新建一个窗口打开
_self	在同一个窗口打开，与默认设置相同
_top	在浏览器的整个窗口打开，将会忽略所有的框架结构

【例 2-15】在网页中实现文字超链接。

页面 HTML 代码如下：

```
<html>
    <head>
    <title>超链接</title>
    </head>
    <body>
        <p><a href="http://www.baidu.com" target="_blank">单击我可以进入百度首页</a></p>
        <p><a href="2-1.html" target="_self">单击我可以打开 2-1.html</a></p>
    </body>
</html>
```

【程序分析】使用浏览器显示效果，单击第一个超链接(百度)、单击第二个超链接(打开 2-1.html)分别得到图 2.20 所示的上(左)、下、上(右)所对应的图片效果。所区别的是，单击百度超链接是在原窗口基础上又新打开了一个浏览器窗口；而第二个超链接则用打开的"我制作的第一个网页"窗口替换了原始窗口，如图 2.20 所示。

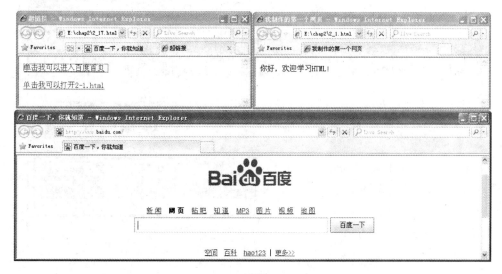

图 2.20　超链接所示效果

2.4.2 图像的超链接

除了文字可以添加超链接之外，图像也可以设置超链接属性。而一幅图像可以切分成不同的区域设置链接，而这些区域被称为热区。因此一幅图像也就可以设置多个链接地址。

设置图像的超链接和设置文字链接方式一样，语法如下：

```
<a href="链接地址" target="目标窗口打开方式 "><img src="图片地址" alt="鼠标提示"></a>
```

【例 2-16】实现图片超链接。

要求：图 2.21 所示为"中国网络电视台"网站，截取其中一小部分图片来举例，案例代码执行效果如图 2.22 所示，单击其中的"星光大道"图片，进入"星光大道"网站。

页面 HTML 代码如下：

```
<html>
    <head>
    <title>图片链接</title>
    </head>
    <body>
        <p><a href="http://cctv.cntv.cn/lm/xingguangdadao/index.shtml">
        <img src="pic/star.png" alt="星光大道" width="154" height="95" /></a>
        <a href="a.html">
            <img src="pic/beijing.png" alt="北京" width="151" height="92" />
            </a>
        <a href="b.html">
        <img src="pic/zcr.png" alt="北京" width="152" height="96" /></a><br />
            <font size="2">        《星光大道》互动专区        相约北京国际青少年联欢        初
赛赛程接受预约</font></p>
    </body>
</html>
```

图 2.21 "中国网络电视台"网站截图

图 2.22　代码效果图

小提示：

在实现图片超链接时，图片会自动加上边框，为了不影响整个页面的美观效果，可以在 img 标记中添加属性"border=0"。如以下代码：

```
<a href="#"><img src="pic.gif" width="86" height="48" border="0" /></a>
```

知识延伸：

读者可以通过这些学习资源去更深入地学习 HTML 技术。

http://www.w3school.com.cn/。

小　　结

本章主要介绍 HTML 的基础知识，主要讲解了 HTML 文件结构、文字与段落标记、多媒体标记和超链接标记等。通过标记的综合应用能够制作简单实用的静态页面。

重 要 术 语

HTML	水平线标记 hr	注释标记
标题标记 hn	分区标记 div	图像标记 img
段落标记 p	字体标记 font	超链接标记 a
换行标记 br	预定义格式标记 pre	

自 我 测 试

一、选择题

1. 下面哪一项是换行符标签？（　　）

　　A．\<body\>　　　　B．\<font\>　　　　C．\<br\>　　　　D．\<p\>

2．下列哪一项可以在新窗口中打开网页文档？（　　）

    A．_self   B．_blank   C．_top   D．_parent

3．以下标记符中，用于设置页面标题的是（　　）。

    A．<title>   B．<caption>   C．<head>   D．<html>

4．以下标记符中，没有对应的结束标记的是（　　）。

    A．<body>   B．
          C．<html>   D．<title>

5．若要是设计网页的背景图形为 bg.jpg，以下标记中正确的是（　　）。

    A．<body background="bg.jpg">   B．<body bground="bg.jpg">

    C．<body image="bg.jpg">   D．<body bgcolor="bg.jpg">

二、填空题

1．网页标题会显示在浏览器的标题栏中，则网页标题应写在开始标记符＿＿＿＿＿＿和结束标记符＿＿＿＿＿＿之间。

2．要设置一条 1px 粗的水平线，应使用的 HTML 语句是＿＿＿＿＿＿。

3．＿＿＿＿＿＿是网页与网页之间联系的纽带，也是网页的重要特色。

4．设置网页背景颜色为绿色的语句是＿＿＿＿＿＿。

5．设置图片的边框属性的语名是＿＿＿＿＿＿。

6．设置文字的颜色为红色的标记格式是＿＿＿＿＿＿。

7．为图片添加简要说明文字的属性是＿＿＿＿＿＿。

8．在网页中嵌入多媒体，如电影、声音等用到的标记是＿＿＿＿＿＿。

9．在页面中添加背景音乐 bg.mid，循环播放 3 次的语句是＿＿＿＿＿＿。

10．预格式化文本标记<pre></pre>的功能是＿＿＿＿＿＿。

三、上机实践

1．编写 HTML 代码，完成图 2.23 所示的图文混排效果。

图 2.23　设计题 1

2．编写代码，完成图 2.24 所示的效果，并在其中插入背景音乐，要求单击"川菜"选项，可以超链接到设计题 1。

图 2.24　设计题 2

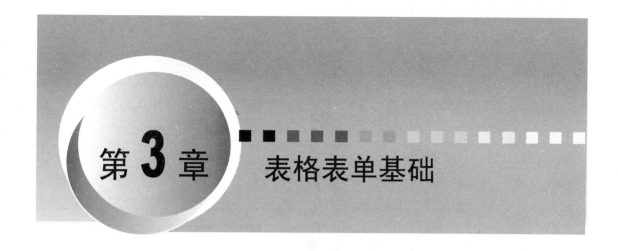

第**3**章　表格表单基础

 学习目标

知识目标	技能目标
(1) 掌握表格的基本结构、常用标记 (2) 深入理解表格嵌套技术和表格布局的原理 (3) 掌握常用的表单元素	(1) 能够熟练使用表格对网页内容进行有效布局 (2) 能够熟练使用表单标记设计交互功能模块

 章节导读

　　表格是 HTML 的一项重要功能，利用其多种属性能够设计出多样化的表格。使用表格可以使页面更加整齐美观，可以说表格是早期网页排版的灵魂。

　　表单是用来收集客户端提供的相关信息，将其传送到服务器端的程序，使网页具有交互功能的 HTML 元素。

任务 3.1　使用表格技术布局页面

 任务陈述

　　任务构思与目标：设计"丫丫精品店"网站首页，实现页面内容的良好排版，页面效果如图 3.1 所示。

　　任务设计：使用 HTML 表格元素进行页面的布局，设计页面的整体框架结构，在搭好的框架基础上，填充页面具体内容。

图 3.1　精品店首页

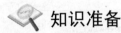 知识准备

3.1.1　表格的基本结构

表格由<table>标签来定义。每个表格均有若干行(由<tr>标签定义)，每行被分隔为若干单元格(由<td>标签定义)。字母 td 指表格数据(table data)，即数据单元格的内容。数据单元格可以包含文本、图片、列表、段落、表单、水平线、表格等。

【例 3-1】网页中表格数据的定义代码如下：

```html
<html>
    <head>
            <title>表格的标题和表头</title>
        </head>
        <body>
        <table border="1">
            <tr><td>第一行，第一列</td> <td>第一行，第二列</td> </tr>
        <tr><td>第二行，第一列</td> <td>第二行，第二列</td></tr>
        </table>
    </body>
</html>
```

在浏览器显示效果如图 3.2 所示。

第一行，第一列	第一行，第二列
第二行，第一列	第二行，第二列

图 3.2　表格显示数据

　　【程序分析】<table>标记和</table>标记分别标志着一个表格的开始和结束；而<tr>和</tr>则分别表示表格中一行的开始和结束，在表格中包含几组<tr>…</tr>，就表示该表格为几行；<td>和</td>表示一个单元格的起始和结束，也可以说表示一行中包含了几列。

3.1.2　表格标记

　　表格中常用的标记见表 3-1。

表 3-1　表格常用标记

表格标记	功能描述
<table>	定义表格
<caption>	定义表格标题
<th>	定义表格的表头
<tr>	定义表格的行
<td>	定义表格单元
<thead>	定义表格的页眉
<tbody>	定义表格的主体
<tfoot>	定义表格的页脚
<col>	定义用于表格列的属性
<colgroup>	定义表格列的组

　　其中，表格标题和表头用的机会非常多，先重点介绍这两个标记。

1. 表格的标题和表头

<caption>标记用来为表格加上标题，<th>则定义了表格的表头。

【例 3-2】表格标题和表头的定义代码如下：

```html
<html>
    <head>
        <title>表格的标题和表头</title>
    </head>
    <body>
        <table width="200" border="1">  <!--设置表格的宽度和边框粗细-->
        <caption>学生信息表</caption>   <!--表格的标题-->
         <tr>
           <th>属性</th>  <!--表格的表头，默认字体加粗-->
           <th>信息</th>
         </tr>
         <tr>
           <td align="center">姓名</td>
           <td align="center">王小明</td>
         </tr>
         <tr>
           <td align="center">班级</td>
           <td align="center">09 信息一班</td>
         </tr>
```

```
        <tr>
            <td align="center">性别</td>
            <td align="center"> </td>
        </tr>
        <tr>
            <td align="center">年龄</td>
            <td align="center">25</td>
        </tr>
    </table>
    </body>
</html>
```

效果如图 3.3 所示。

学生信息表

属性	信息
姓名	王小明
班级	09信息一班
性别	
年龄	25

图 3.3　表格标题和表头

【程序分析】代码中<td> </td>表示单元格为空。

　知识延伸：

为丰富页面的效果，有时希望表格具有不同的样式效果，单纯依靠<table>、<td>、<tr>标记无法实现，需通过定义表格标记的属性来完成。

2. 表格的常用属性

表格的常用属性见表 3-2。

表 3-2　表格的常用属性

表　格	描　述
align	对齐方式：定义表格相对于浏览器的对齐方式，left、center、right
cellpadding	填充单元格内容与单元格边界之间的距离
cellspacing	间距：单元格相互之间的距离
bordercolor	边框色：定义表格的边框色
bgcolor	背景色：定义表格的背景色
background	背景图片：设置表格的背景图片

为上述例子中的<table>标记添加相应的属性，代码如下所示。

```
<table width="200" border="1" align="center" cellpadding="2" cellspacing="2"
bordercolor="yellow" bgcolor="pink">
```

执行代码，效果如图 3.4 所示。

学生信息表

属性	信息
姓名	王小明
班级	09信息一班
性别	
年龄	25

图 3.4　添加 table 属性

修改增加单元格间距："cellspacing=5"和设置背景图片"background="bg.png""分别得到下列两种效果，如图 3.5、图 3.6 所示。

学生信息表

属性	信息
姓名	王小明
班级	09信息一班
性别	
年龄	25

学生信息表

属性	信息
姓名	王小明
班级	09信息一班
性别	
年龄	25

图 3.5　修改 table 属性"cellspacing=5"　　　图 3.6　修改 table 属性"background="bg.png""

3.1.3　单元格合并属性 rowspan、colspan 的使用

单元格常用属性见表 3-3，其中大部分属性用法与表格中属性用法相同，这里重点强调的是单元格特有的合并属性 rowspan 和 colspan。

表 3-3　单元格属性

表　　格	描　　述
align	对齐方式：单元格内容相对于单元格对齐方式，left、center、right
bordercolor	边框色：定义表格的边框色
bgcolor	背景色：定义表格的背景色
background	背景图片：设置表格的背景图片
colspan	如 colspan=3，即单元格横跨 3 列
rowspan	如 rowspan=2，即单元格横跨 2 行

【例 3-3】单元格的属性设置，代码如下：

```
<html>
    <head>
        <title>单元格的属性设置</title>
    </head>
    <body>
    <h4>用 colspan 属性,设置包含多列的单元格:</h4>
    <table width="302" border="1" cellspacing="1" bordercolor="#00FF00" bgcolor=
"#FFFF00">
        <tr>
            <th width="84">姓名</th>
        <!--"联系方式"横跨两列:colspan 属性的使用-->
```

```
    <th colspan="2">联系方式</th>
  </tr>
  <tr>
    <td height="42" align="center" bgcolor="#FF9900">比尔盖茨</td>
    <td width="92" align="center">555 77 854</td>
    <td width="104" align="center">555 77 855</td>
  </tr>
  </table>
<!--以上部分为横跨多列单元格,以下部分为横跨多行的单元格-->
<h4>用 rowspan 这个属性,设置包含多行的单元格:</h4>
<table width="191" height="82" border="1" cellspacing="0">
  <tr>
    <th width="76">姓名</th>
    <td width="105" align="center" bordercolor="#FF9933" bgcolor="#00FFFF">
比尔盖茨</td>
  </tr>
  <tr>
    <!--"联系方式"横跨两行:rowspan 属性的使用-->
    <th rowspan="2">联系方式</th>
    <td align="center">555 77 854</td>
  </tr>
  <tr>
    <td align="center">555 77 855</td>
  </tr>
  </table>
  </body>
  </html>
```

执行代码，效果如图 3.7 所示。

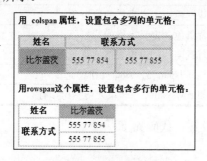

图 3.7　单元格属性设置

说明：从图 3.7 中可以看到第一个表格中，"联系方式"横跨两列，而第二个表中的"联系方式"则横跨两行。

3.1.4　表格的嵌套技术

在网页的实际制作过程中，表格并不是单一出现的，往往需要在表格内嵌套其他的表格来实现页面的整体布局。一般情况下需要使用一些可视化软件来实现布局，这样看起来比较直观，容易达到预期的目标。

也可以通过直接输入代码来实现。下面举例说明表格的嵌套。

【例3-4】表格的嵌套技术代码如下：

```
<html>
    <head>
            <title>表格的嵌套技术</title>
    </head>
    <body>
    <html>
        <head>
        <title>表格的嵌套</title>
        </head>
        <body>
        <!--使用表格的嵌套功能设计网页的版式-->
        <table width="560" height="300" border="1" cellspacing="0" align= "center">
        <thead bgcolor="#8A84FF">
            <tr height="70">
                <td width="160">网站 logo</td>
                <td width="400">网站 banner</td>
            </tr>
        </thead>
        <tbody>
            <tr valign="top" height="200">
             <td width="160" align="center">
             <!--插入 5 行 1 列的表格-->
        <table width="135" height="180" border="1" cellspacing="0" bgcolor="#97B6FF">
            <tr>
                        <td>页面导航</td>
                </tr>
                <tr>
                        <td>页面导航</td>
                </tr>
                ...........
            </table>
            </td>
            <td width="400" height="200" background="pic03.jpg">
            <!--表格嵌套技术的使用:单元格内插入 2 行 2 列的表格-->
            <table width="380" height="160" border="1" bordercolor=
"#FF9900" cellspacing="2" cellpadding="5">
                    <tr>
                        <td>网站板块</td>
                        <td>网站板块</td>
                    </tr>
                    ...
                </table>
                </td>
            </tr>
        </tbody>
        <tfoot bgcolor="#0000FF">
            <tr align="center">
             <td height="30" colspan="2">
                <font color="#FFFFFF">版权信息</font>
```

```
            </td>
          </tr>
      </tfoot>
    </table>
    </body>
  </html>
```

执行效果如图 3.8 所示。

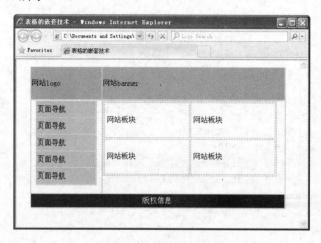

图 3.8　表格嵌套案例

任务实施

制作过程如下。

(1) 版面分析。

这里根据网站效果图的要求，将整个页面分隔为 3 个表格，分别为：Table1、Table2 和 Table3，如图 3.9 所示。

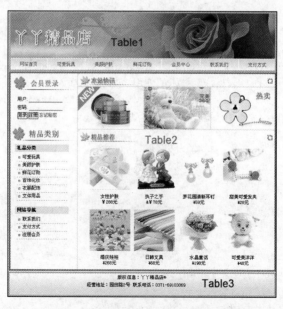

图 3.9　精品店网站首页页面布局结构

Table1：网站头部，负责 Banner 和导航。

Table2：网站主体部分，又分成"左"和"右"侧，左侧内嵌表格 Table4，右侧内嵌表格 Table5。

Table3：网站脚注。

(2) 表格结构分析。

通过第一步的版面分析后，网页分成了 3 个表格，Table1、Table2 和 Table3，其中 Table2 又被分隔为 Table4 和 Table5。效果分别如下列表格所示。

Table1 表格结构：

网站 Banner						
			导航			

Table2 表格结构：

中间"左"列内嵌表格 Table4	"本站快讯"图片		
	"新品上市"图片	玩具图片	"热卖"图片
	"精品推荐"图片		
	4 行 4 列内嵌表格		

Table3 表格结构：

版权信息
地址和联系方式

(3) 代码实现页面框架结构。

① 网站头部：Table1 部分的代码。

```
<table width="700" border="0" cellpadding="0" cellspacing="0" bordercolor=
"#FFFFFF">
    <tr>
      <td height="120" colspan="7"> </td>
    </tr>
    <!--导航菜单-->
    <tr>
      <td width="100" height="33"> </td>
      <td width="100"> </td>
      <td width="100" > </span></td>
      <td width="100">  </td>
      <td width="100" > </td>
      <td width="100"> </td>
      <td width="100" > </td>
```

```
    </tr>
</table>
```

② 网站主体：Table2 部分的代码。

```
<!--表格 Table2-->
<table width="700" border="0" cellpadding="0" cellspacing="0">
    <tr>
     <td width="180" valign="top" bgcolor="#FFFFFF">
     <!--表格 Table4-->
     <table width="180"  border="0" cellpadding="0" cellspacing="0">
...
    </table>
    <!--表格 Table5-->
    <table width="520" border="0" cellpadding="0" cellspacing="2">
...
    </table>
```

③ 网站主体左侧内嵌表格：Table4 部分的代码。

```
<table width="180" height="459"  border="0" cellpadding="0" cellspacing="0">
    <tr>
     <td height="150" align="left" valign="top" > </td>
    </tr>
    <tr>
    <!--因左半部"鲜花分类"不是本节重点,故这里将其以图片格式显示出来-->
     <td height="300" align="center" valign="top"> </td>
    </tr>
</table>
```

④ 网站主体右侧内嵌表格：Table5 部分的代码。

```
<table width="520" border="1" cellpadding="0" cellspacing="2">
  <tr>
   <td height="33" colspan="3"> </td>
  </tr>
  <tr>
     <td width="172" height="107" align="left" valign="middle"> </td>
     <td   width="172" align="left" valign="middle" > </td>
     <td width="172"> </td>
   </tr>
  <tr>
     <td height="30" colspan="3" align="center" valign="top" > </td>
   </tr>
  <tr>
     <td align="center" colspan="3">
        <!--Table5 内嵌套一 4 行 4 列的表格-->
```

```
                <table width="475" height="276" border="0" cellpadding="0" cellspacing="10">
                    <tr>
                <td width="135" align="center" valign="middle"> </td>
                <td width="108" align="center" valign="middle"> </td>
                <td width="132" align="center" valign="middle"> </td>
                <td width="135" align="center" valign="middle"> </td>
                    </tr>
                    ...
                    </table>
            </td>
            </tr>
        </table>
```

⑤ 网站脚注：Table3 部分的代码。

```
<table width="700" height="58" border="1" cellpadding="0" cellspacing="0">
    <tr>
        <td valign="bottom" align="center" >  </td>
    </tr>
    <tr>
        <td valign="bottom" align="center" >  </td>
    </tr>
</table>
```

⑥ 代码整合。

```
<html>
    <head>
        <title>丫丫精品店</title>
    </head>
    <body>
    <div align="center">
    ... Table1 网站头部代码...
        <!--此处换行是因为网站头部和主体部分留有一段空隙,可以考虑上表格或下表格,增加一个高
度为 2px 的单元格-->
    ...Table2 网站主体代码...
    ...Table3 网站脚注代码...
    </div>
    <body>
</html>
```

【程序分析】body 主体下面直接由<div align="center">...</div>来负责整个网页的居中
显示。

 小提示：

　　表格的边框一定要为 0，即 table 中的 border 属性值为 "0"，也就是让表格在网页预览中
不可见，这样才能实现表格布局的目的。

任务 3.2　使用表单技术设计个人信息调研表

 任务陈述

任务构思与目标：根据需求设计个人信息调研表，采集客户端的信息以提交给服务器，实现客户端与服务器端的交互，页面效果如图 3.10 所示。

任务设计：正确使用表单窗体、各元素，设计个人信息调研表。

 知识准备

表单是网页中提供的一种交互式操作手段，主要用来收集客户端提供的相关信息，并将数据递交给后台的程序使其操作这些数据，使网页具有交互的功能。表单在制作动态网页时常常会被用到，如用户注册、填写、提交用户信息、发表留言、输入账号等。下面将讲解表单各种元素的用法。

如图 3.11 所示，表单是由窗体和控件组成的，一个表单通常包含用户填写信息的输入框、按钮等，这些输入框、按钮叫做控件，表单很像容器，它能够容纳各种各样的控件。

图 3.10　个人信息调研表

图 3.11　常见表单

表单标签的格式：

```
<form action="url" method=get|post name="myform" target="_blank">...</form>
```

一个表单用<form></form>标记来创建，即定义表单的开始和结束位置，开始和结束标志之间属于表单的内容。表单标记的部分属性及说明见表 3-4。

表 3-4　表单标记的属性及说明

属　　性	说　　明
name	设置表单名称
action	设置表单处理程序

续表

属　　性	说　　明
method	定义处理程序从表单中获得信息的方式，可取值为 get 和 post
target	指定目标窗口：可选当前窗口_self，父级窗口_parent，顶层窗口_top，空白窗口_blank

 小提示：

method 属性用来定义处理程序从表单中获得信息的方式，可取值为 get 或 post。get 方式下，表单域中输入的内容会添加在 action 指定的 URL 中，安全性较差，这种方式传送的数据量一般限制在 1KB(255 个字节)以下。而 post 这种方式，数据将以 HTTP 头的形式发送，传送的数据量比较大。所以在实际应用时，通常选择 post 方式。

3.2.1　单行输入域<input>

在 HTML 语言中，标记<input>具有重要的地位，用来定义一个用户输入区，用户可在其中输入信息，应用格式如下。

```
<input name="" type="" value="" size="" maxlength="" >
```

<input type="">标记共提供了 9 种类型的输入区域，具体是哪一种类型由 type 属性来决定，属性取值详见表 3-5。

表 3-5　type 属性值的定义

type 属性取值	输入区域类型
<input type="TEXT" size="" maxlength="">	单行的文本输入区域，size 与 maxlength 属性定义输入区域显示的尺寸大小与输入的最大字符数
<input type="button">	普通按钮，当这个按钮被单击时，就会调用属性 onclick 指定的函数；在使用这个按钮时，一般配合使用 value 指定在它上面显示的文字，用 onclick 指定一个函数，一般为 JavaScript 的一个事件
<input type="submit">	提交到服务器的按钮，当这个按钮被单击时，就会连接到表单 action 属性指定的 URL 地址
<input type="reset">	重置按钮，单击该按钮可将表单内容全部清除，重新输入数据
<input type="checkbox" checked>	一个复选框，checked 属性用来设置该复选框默认时是否被选中
<input type="hidden">	隐藏区域，用户不能在其中输入内容，用来预设某些要传送的信息
<input type="image" src="url">	使用图像来代替 submit 按钮，图像的源文件名由 src 属性指定，用户单击后，表单中的信息和单击位置的 X、Y 坐标一起传送给服务器
<input type="password">	输入密码的区域，当用户输入密码时，区域内将会显示"*"号
<input type="radio">	单选按钮类型，checked 属性用来设置该单选框默认时是否被选中

以上类型的输入区域有一个公共的属性 name，此属性指定每个输入区域的一个名字，服务器就是通过调用某一输入区域的名字的 value 值来获得该区域的数据的。而 value 属性是另一个公共属性，它可用来指定输入区域的默认值。

【例3-5】表单的应用。邮箱登录窗口的设计，代码如下：

```
<html>
<head>
<title>邮箱登录</title>
<style type="text/css">
body,td,th {
    font-size: 12px;  <!--统一设置页面字体大小为"12px"-->
    color: #000000;
}
body {
    background-image: url(bg.jpg);  <!--设置背景图片-->
}
</style></head>
<body>
<form id="form1" name="form1" method="post" action="">
  <table width="254" height="192" border="1" cellpadding="0" cellspacing="1"
bordercolor="#33CCFF" bgcolor="#FF9966">
    <caption align="top"> Tom邮箱登录  </caption>
    <tr>
      <td width="116" align="center">用户名：</td>
      <td width="165"><label>
       <input name="username" type="text" id="username" size="20" maxlength=
"20" />
      </label></td>
    </tr>
    <tr>
      <td align="center">密  码：</td>
      <td><label>
       <input name="password" type="password" id="password" size="22" />
      </label></td>
    </tr>
    <tr>
      <td colspan="2" align="center" valign="middle"><label>
       <input name="ck" type="checkbox" id="ck" />
      </label>
       记住密码
      <label>
       <input name="ck" type="checkbox" id="ck" checked="checked" />
       增强安全       </label> ｜ 取回密码 </td>
    </tr>
    <tr>
      <td colspan="2" align="center"><label>
       <input type="submit" name="button" id="button" value="提交" />
      </label>       <label>
       <input type="reset" name="button2" id="button2" value="重置" />
      </label></td>
    </tr>
```

```
    </table>
  </form>
  </body>
  </html>
```

使用浏览器打开程序，效果如图 3.12 所示。

图 3.12　输入标记效果图

【程序分析】由图 3.12 可见，密码框默认以●回显，复选框"checked"属性表示该复选框默认被选中。

3.2.2　多行输入域标记<textarea>

<textarea></textarea>用来创建一个可以输入多行的文本框，如留言板、论坛中回帖时的文本框等，<textarea>常用属性见表 3-6。

表 3-6　textarea 属性表

属　　　性	描　　　述
onchange	指定控件改变时要调用的函数
onfocus	当控件接受焦点时要执行的函数
onblur	当控件失去焦点时要执行的函数
onselect	当控件内容被选中时要执行的函数
name	文字区块的名称，作识别之用，将会传及 CGI
cols	文字区块的宽度
rows	文字区块的列数，即其高度

【例 3-6】网页中文本区的定义，代码如下：

```
<html>
  <head>
  <title>邮箱登录</title>
  </head>
  <body>
   <form action="" method="post">
    <p>您的意见对我很重要:<br />
    <textarea name="yj" clos="20" rows="5">
        请将意见输入此区域.......
    </textarea>
    </p>
```

```
      </form>
    </body>
  </html>
```

页面效果如图 3.13 所示。

图 3.13　输入标记效果图

说明：<textarea>和</textarea>之间的内容表示文本区默认的信息。

3.2.3　下拉框选择域标记<select>

<select></select>标记对用来创建一个菜单下拉列表框。<select>具有 multiple、name 和 size 属性。multiple 属性不用赋值，直接加入标志中即可使用，加入了此属性后列表框就成为可多选的了，若没有设置(加入)multiple 属性，显示的将是一个弹出式的列表框。size 属性用来设置列表的高度，默认值为 1。

使用<option>标记定义列表框中的一个选项，它放在<select></select>标志对之间，具有 selected 和 value 属性，selected 用来指定默认的选项，value 属性用来给<option>指定的选项赋值，这个值是要传送到服务器上的，服务器正是通过调用<select>区域的名字的 value 属性来获得该区域选中的数据项的。

【例 3-7】网页中下拉列表框的应用，代码如下：

```
<html>
  <head>
    <title>下拉列表框</title>
  </head>
  <body>
    <form action="" method="post">
    <p>你最喜欢的女歌星是：
    <select name="star1" multiple size="4">
    <option value="zhmy">张曼玉</option>
    <!--selected 表示默认选中项-->
    <option value="wf" selected>王菲</option>
    <option value="tzh">田震</option>
    <option value="ny">那英</option>
    </select>
    <p>请选择最喜欢的男歌星：
    <select name="star2" size="1">
    <!--size 等于 1 表示该列表框为下拉列表框-->
    <option value="ldh">刘德华</option>
```

```
<option value="zhjl" selected>周杰伦</option>
<option value="gfch">郭富城</option>
<option value="lm">张学友</option>
</select>
</form>
</body>
</html>
```

程序运行，页面效果如图 3.14 所示。

图 3.14 下拉列表框

说明：<option>属性中的"selected"表示该选项默认被选中。

任务实施

通过表单的学习，相信读者已经掌握了表单的创建方法，下面来具体实现图 3.10 所示的个人信息调研表。

经分析，页面整体结构如下。

```
|body {}   /*主体内容*/
└form 表单   /*表单标记*/
      ├文本框   /*姓名*/
      ├密码框   /*密码*/
      ├复选框   /*已经会的编程语言*/
      ├单选按钮   /*最擅长的语言*/
      ├文本区   /*简介*/
      ├下拉列表框   /*班级信息*/
      ├提交按钮   /*提交按钮*/
      ├重置按钮   /*全部重写*/
└表单结束标记
-body/*主体结束标记*/
```

实现代码如下所示：

```
<html>
  <head>
    <title>输入域标题</title>
  </head>
  <body>
```

```
<form action="get.asp" method="post">
    <h1>调研表</h1>
    <p>姓名:<input type="text" name="t1" size="20">
        密码:<input type="password" name="t2" size="20"> </p>
    <p>你会什么编程语言:</p>
    <p><input type="checkbox" name="c1" value="on">VB SCRIPT
        <input type="checkbox" name="c2" value="on">JAVA SCRIPT </p>
    <p><input type="checkbox" name="c1" value="on">PHP SCRIPT
        <input type="checkbox" name="c2" value="on">ASP SCRIPT </p>
    <p>你最擅长哪种语言:</p>
    <p><input type="radio" name="r1" value="v1">VB SCRIPT
        <input type="radio" name="r1" value="v2">JAVA SCRIPT </p>
    <p><input type="radio" name="r1" value="v1">PHP SCRIPT
        <input type="radio" name="r1" value="v2">ASP SCRIPT </p>
<P>简介:<textarea rows="4" name="s1" cols="20">我毕业于......</textarea> </p>
    所在班级<select name="系别">系
    <option selected="selected" value="机电系">机电系
        <option value="计算机系">计算机系
        <option value="英语系">英语系
    </select>
    <select name="级">级
        <option selected="selected" value="07"/>2007
     <option selected="selected" value="06"/>2006
        <option selected="selected" value="05"/>2005
    </select>
    <select name="班">班
        <option selected="selected" value="1">1
        <option selected="selected" value="2">2
    </select>
  <p><input type="submit"  value="提交" name="B1">
    <input type="reset"  value="全部重写" name="B2"></p>
 </form>
  </body>
</html>
```

小　　结

　　本章主要介绍 HTML 表格和表单的基础知识,主要讲解了表格和单元格的基本操作,以及表单中的多种标记。灵活运用表格将使网页显得更加整齐规范,表单使网页具有交互功能。

重 要 术 语

表格标记 table	标题标记 caption	单元格标记 td
行标记 tr	多行输入域 textarea	表单标记 form
单行输入域 input	下拉框选择域 select	

自 我 测 试

一、选择题

1. 若要使表格的行高为 16pt，以下方法中正确的是(　　)。

    A．<table border=1 style="Line-Height:16">…</table>

    B．<table border=1 style="Line-Height:16pt">…</table>

    C．<table border=1 LineHeight=16pt">…</table>

    D．<table border=1 LineHeight="16pt">…</table>

2. 用于设置文本框显示宽度的属性是(　　)。

    A．Size   B．MaxLength   C．Value   D．Length

3. 若要产生一个 4 行 30 列的多行文本域，以下方法中正确的是(　　)。

    A．<Input type="text" Rows="4" Cols="30" Name="txtintrol">

    B．<TextArea Rows="4" Cols="30" Name="txtintro">

    C．<TextArea Rows="4" Cols="30" Name="txtintro"></TextArea>

    D．<TextArea Rows="30" Cols="4" Name="txtintro"></TextArea>

4. 要使表格的边框不显示，应设置 border 的值为(　　)。

    A．1   B．0   C．2   D．3

5. 如果一个表格包括 1 行 4 列，表格的总宽度是"699"，间距为"5"，填充为"0"，边框为"3"，每列的宽度相同，那么应将单元格定制为多少像素宽？(　　)

    A．126   B．136   C．147   D．167

二、填空题

1. 表格的标签是＿＿＿＿＿＿，单元格的标签是＿＿＿＿＿＿。

2. 用来输入密码的表单域是＿＿＿＿＿＿。

3. 写出在网页中设定表格边框的厚度的属性＿＿＿＿＿＿；设定表格单元格之间宽度的属性＿＿＿＿＿＿；设定表格资料与单元格线的距离的属性＿＿＿＿＿＿。

4. 写出<caption align=bottom>表格标题</caption>功能＿＿＿＿＿＿。

5. <tr>…</tr>用来定义＿＿＿＿＿＿；<td>…</td>用来定义＿＿＿＿＿＿；<th>…</th>用来定义＿＿＿＿＿＿。

6. 单元格垂直合并所用的属性是＿＿＿＿＿＿；单元格横向合并所用的属性是＿＿＿＿＿＿。

三、上机实践

1. 用表格和表单技术实现图 3.15 所示的"用户登录界面"效果图。

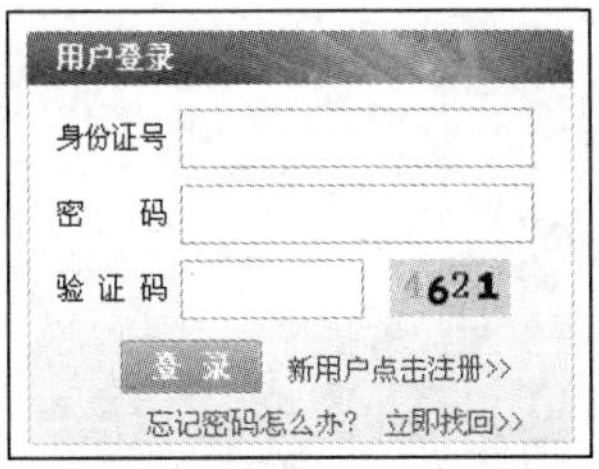

图 3.15　用户登录界面

2. 编写代码，用表格嵌套实现图 3.16 所示的效果。

图 3.16　效果图

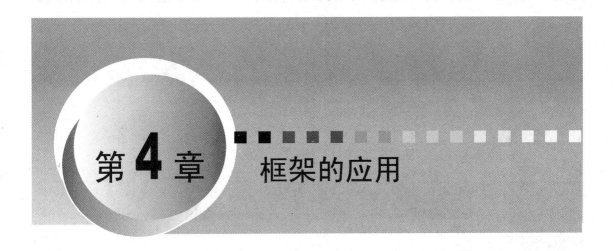

第4章　框架的应用

　学习目标

知识目标	技能目标
(1) 理解布局页面的常用技术或重要性 (2) 掌握框架布局的使用方法 (3) 理解表格、框架布局网页各自的优缺点和使用情境	能熟练应用框架技术布局页面

　章节导读

　　制作漂亮网页的前提是做好网页布局。常见布局实现方法有表格嵌套、框架技术、DIV+CSS(后续章节中将有详细讲解)等。本章学习页面布局技术之一——框架，使用框架能够在一个浏览器中同时浏览不同的页面，从而非常方便地完成导航工作。

任务 4.1　创建框架结构的页面

　任务陈述

　　任务构思与目标：新建精品课网站首页，页面整体效果如图 4.1 所示，当单击左侧导航栏某节标题超链接文本时，右侧窗口显示对应章节的详细内容。

　　任务设计：

　　使用 HTML 框架标记进行页面的布局，浏览器窗口被分成上下两个窗口；下边的窗口又被拆分成左右两个子窗口，在 3 个窗口(TopFrame、LeftFrame、RightFrame)分别载入 top.html、left.html、right.html 这 3 个不同的 HTML 页面文件，如图 4.2 所示。

　知识准备

　　框架的主要功能是把一个浏览窗口划分为若干个小窗口，每个小窗口能显示不同的 URL 网页，框架布局如图 4.2 所示，这样结构的页面称为框架结构页面，这些小窗口称为框架的窗口。使用框架可以在一个浏览器中同时浏览不同的页面，能够非常方便地完成导航工作。

图 4.1　精品课网站首页——框架布局设计

图 4.2　框架布局视图

4.1.1　框架的基本构成

　　所有的框架标记要放在一个 HTML 文档中。HTML 页面的文档体标签<body>被框架集标签<frameset>所取代，然后通过<frameset>的子窗口标签<frame>定义每一个子窗口和子窗口的页面属性。页面结构代码如下：

```
<html>
```

```
    <head>
    </head>
    <frameset>
    <frame src="url 地址 1">
    <frame src="url 地址 2">
    ...
    <frameset>
 </html>
```

frame 框架的 src 属性的每个 URL 值指定了一个 HTML 文件(这个文件必须事先做好)的地址(地址路径可使用绝对路径或相对路径)，这个文件将载入相应的窗口中。如下例：

```
<frameset cols="50%,*">
    <frame name="hello" src="up2u.html">
    <frame name="hi" src="me2.html">
</frameset>
```

此例中，<frameset>把画面分成左右两部分，左边显示"up2u.html"文件，右边则显示"me2.html"文件，<frame>标记所标示的框架永远是由上而下、由左至右的次序。

框架结构可以根据框架集标签<frameset>的分隔属性分为 3 种：左右分隔窗口，上下分隔窗口，嵌套分隔窗口，如图 4.3 所示。

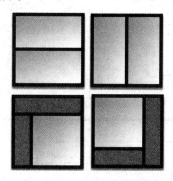

图 4.3　常见框架结构

4.1.2　框架集<frameset>标记

frameset 框架集标记的常用属性见表 4-1。

表 4-1　<frameset>的属性

属　　性	描　　述
border	设置边框粗细，默认是 5px
bordercolor	设置边框颜色
frameborder	指定是否显示边框，0 代表不显示边框，1 代表显示边框
cols	用"像素数"和"%"分隔左右窗口，"*"表示剩余部分
rows	用"像素数"和"%"分隔上下窗口，"*"表示剩余部分
framespacing="5"	表示框架与框架间的保留空白的距离
noresize	设定框架不能够调节，只要设定了前面的框架，则后面的将继承该框架

1. 左右分隔窗口属性: cols

如果要在水平方向将浏览器分隔为多个窗口，就需要用到框架集的左右分隔窗口属性 cols，分隔几个窗口其 cols 的值就有几个，值的定义为宽度，可以是数字(单位为 px)，也可以是百分比和剩余值。各值之间用逗号分开。其中剩余值用"*"号表示，剩余值表示所有窗口设定之后的剩余部分，当"*"只出现一次时，表示该子窗口的大小将根据浏览器窗口的大小自动调整，当"*"出现一次以上时，表示按比例分隔剩余的窗口空间。cols 的默认值为一个窗口。

如下代码所示。

```
<frameset cols="40%,2*,*">        将窗口分为 40%，40%，20%
<frameset cols="100,200,*">
<frameset cols="100,*,*">         将 100px 以外的窗口平均分配
<frameset cols="*,*,*">           将窗口分为 3 等份
```

2. 上下分隔窗口属性: rows

上下分隔窗口的属性设置和左右窗口的属性设定是一样的，参照上面所述就可以了。

4.1.3 子窗口<frame>标签的设定

<frame>是单标签，<frame>标签要放在框架集 frameset 中，<frameset>设置了几个子窗口，就必须对应几个<frame>标签，而且每一个<frame>标签内还必须设定一个网页文件 (src="*.html")，其常用属性见表 4-2。

表 4-2 <frame>常用属性

属　　性	描　　述
src	指示加载的 URL 文件的地址
bordercolor	设置边框颜色
frameborder	指示是否要边框，1 表示显示边框，0 表示不显示(不提倡用 yes 或 no)
border	设置边框粗细
name	指示框架名称，是联结标记的 target 所要的参数
noresize	指示不能调整窗口的大小，省略此项时就可调整
scorlling	指示是否要滚动条，auto 根据需要自动出现，Yes 表示有，No 表示无
marginwidth	设置内容与窗口左右边缘的距离，默认为 1
marginheight	设置内容与窗口上下边缘的边距，默认为 1
width	框窗的宽及高，默认为 width="100" height="100"
align	可选值为 left、right、top、middle、bottom

子窗口的排列遵循从左到右、从上到下的次序，读者可以结合图 4.4 对应的案例进一步学习掌握。

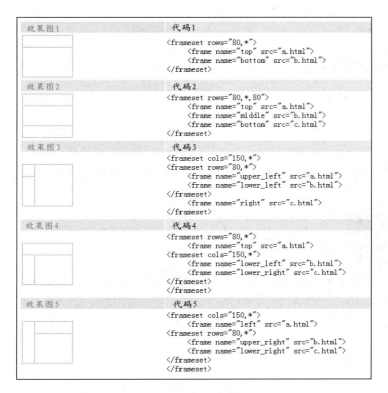

图 4.4 对应案例

4.1.4 <noframes>标记

若浏览器太旧，不支持框架功能，用户看到的将会是一片空白。为了避免这种情况，可使用<noframes>标记，当用浏览器看不到框架时，就会看到<noframes>与</noframes>之间的内容，而不是一片空白，这些内容可以是提醒浏览转用新的浏览器的字句，甚至是一个没有框架的网页或能自动切换至没有框架的版本。

应用方法是在<frameset> 标记范围加入<noframes>标记，以下是一个例子。

```
<frameset rows="80,*">
    <noframes>
    <body>
    很抱歉，您使用的浏览器不支持框架功能，请转用新的浏览器。
</body>
    </noframes>
<frame name="top" src="a.html">
<frame name="bottom" src="b.html">
</frameset>
```

【程序分析】若浏览器支持框架功能，那么它不会理会 <noframes> 中的东西，但若浏览器不支持框架功能，由于不认识所有框架标记，不明的标记会被略过，标记包围的东西便被解读出来，所以放在 <noframes>范围内的文字会被显示。

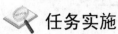

任务实施

4.1.5　页面框架结构分析

如图 4.2 框架布局视图效果所示，框架集被分成上下两个窗口；下边窗口又被拆分成左右两个子窗口；3 个窗口分别加载对应的 top.html(图 4.5)、left.html(图 4.6)、right.html 文件(图 4.7)。

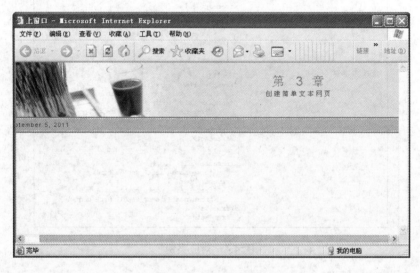

图 4.5　top.html 页面

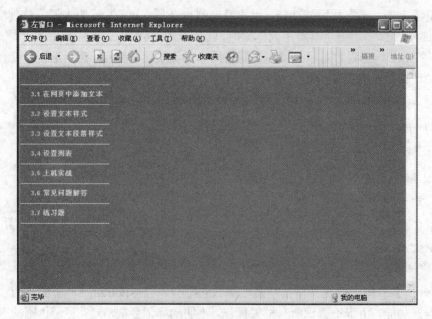

图 4.6　left.html 页面

图 4.7　right.html 页面

这里，3 个子窗口代码不再赘述，现在来描述框架集。

```html
<html>
<head>
<meta http-equiv="Content-Type" content="text/html; charset=utf-8" />
<title>最终效果</title>
</head>
<frameset rows="93,438" cols="*" framespacing="0" frameborder="no" border="0">
  <frame src="top.html" marginwidth="0" marginheight="0" id="TopFrame" />
   <frameset  rows="*"  cols="163,1235"  framespacing="0"  frameborder="no"
border="0">
      <frame src="left.html" frameborder="no" marginwidth="0" marginheight="0"
id="LeftFrame" />
      <frame src="right.html" frameborder="no" marginwidth="0" marginheight=
"0" id="RightFrame" />
   </frameset>
 </frameset>
 </html>
```

 知识延伸：

表格布局和框架布局的优缺点比较如下。

表格布局简单、自由，但是代码冗余量大；当表格嵌套层较多时，会导致浏览器打开网页的速度减慢；框架布局格式统一，但不利于搜索引擎，一般用于动态网站后台页面。

任务 4.2　在框架上建立链接

这里仍以"图 4.1　精品课网站首页"为例，给图 4.6 所示的 left.html 左导航栏中的"3.1 在网页中添加文本"添加文本超链接，单击该链接，显示如图 4.8 所示的"3_1.html 网页"效果，其中，图 4.8 的内容将被放置在 RightFrame 子窗口的位置，如图 4.9 所示。

要在一个框架中使用链接以打开另一个框架中的文档，必须设置链接目标。链接的 target

属性指定在其中打开链接的内容的框架或窗口。代码设计如下：

```
<a href="3_1.html" target="RightFrame">3.1 在网页中添加文本</a>
```

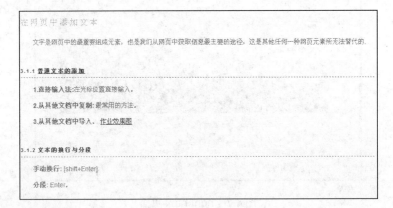

图 4.8　3_1.html 页面

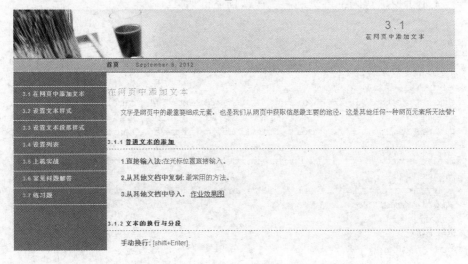

图 4.9　在 RightFrame 窗口加载超链接后的页面

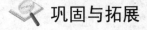 巩固与拓展

任务 4.3　灵活的浮动框架<iframe>的使用

<iframe>标记的用法不同于<frame>标记，其创建的框架具有更好的灵活性，可以放在浏览器中的任何位置，可以自由控制窗口的大小，这种框架又被称为浮动框架。<iframe>标记是一个围堵标记，但围着的字句只有在浏览器不支援 <iframe> 标记时才会显示。

<iframe>的参数设定如下：

```
<iframe src="iframe.html" name="test" align="MIDDLE" width="300" height="100" marginwidth="1" marginheight="1" frameborder="1" scrolling="Yes">
```

【例4-1】制作网页中的浮动框架，页面 HTML 代码如下：

```html
<html>
  <head>
    <meta http-equiv="Content-Type" content="text/html; charset=utf-8" />
    <title>浮动框架iframe学习</title>
  </head>
  <body>
    <center>
    <p>欢迎学习iframe浮动框架标记</p>
<iframe src="http://www.sina.com" name="test" align="MIDDLE" width="500"
height="200" marginwidth="5" marginheight="5" frameborder="1">
    很抱歉,您使用的浏览器并不支援IFrame,不能正常浏览我的网页。</iframe>
    </center></body>
  </html>
```

代码执行效果如图 4.10 所示。

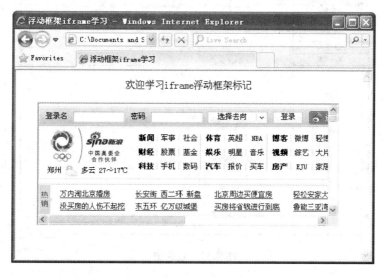

图 4.10 浮动框架效果图

小 结

本章主要介绍传统的静态页面 HTML 常用的布局方式：框架技术，框架用于在一个浏览器窗口中显示不同的网页。

重 要 术 语

框架 frame   框架集 frameset   浮动框架 iframe

自 我 测 试

一、填空题

1. 框架集的标签是_____。
2. 浮动框架的标签是_____。
3. <frameset cols="40%，2*，*">将窗口分为_____。

二、上机实践

利用框架技术，完成图 4.11 所示的效果。

图 4.11　效果图

第 5 章　CSS 基础

 学习目标

知识目标	技能目标
(1) 深入了解 CSS 技术的引入意义、技术优势	
(2) 初步体会 CSS 技术实现网页内容和样式分离的本质	
(3) 深入理解 HTML 布局和 Web 标准布局思想	(1) 能够熟练应用 CSS 基本语法
(4) 掌握 CSS 样式表的基本语法规则	(2) 能根据场景创建合适的类选择符样式
(5) 掌握各类选择符的定义	(3) 能熟练使用各种类型的样式表
(6) 掌握各种类型的样式表的定义及使用	(4) 能熟练使用工具进行 CSS 代码书写、调试、
(7) 掌握不同类型样式表的优先级	兼容性测试
(8) 熟知 CSS 代码的书写工具	
(9) 了解 CSS 对不同浏览器的兼容性测试	

 章节导读

　　CSS 是层叠样式表(Cascading Style Sheet)的缩写，它是 W3C 网络标准化组织发布的正式推荐标准，主要负责网页内容的格式化、布局和显示，可用任何文本编辑器来编写，其文件的扩展名是“.css”。1997 年 W3C 组织颁布 HTML 4.0 标准的同时公布了 CSS 的第一个标准 CSS 1，目前最新版本是 CSS 3.0。

任务 5.1　深入理解 CSS 技术的引入意义

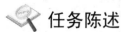 任务陈述

　　任务构思与目标：深入理解 CSS 技术的引入意义、技术优势。

　　任务设计：通过典型例子，深入理解 CSS 技术的引入意义、与传统 TABLE 布局技术相比较的优势，从而对 Web 标准布局有初步的理解。

任务实施

5.1.1 CSS 技术的引入

CSS 能够实现网页内容和样式的分离，同时，CSS 对网页内容的控制也比 HTML 精确，行间距和字间距都能控制。这里通过一个简单的例子来感受一下 CSS 技术。

【例 5-1】使用 CSS 技术统一控制页面内容样式。

```html
<html>
  <head>
    <title>CSS 技术的引入</title>
    <style>
    h1{
    color:red;
    font-family: "宋体";
    text-align:center;
    }
    p{
    text-indent:2em;  /*段落缩进 2 个字符*/
    }
    </style>
  </head>
  <body>
    <h1>
    Web2.0 内涵
    </h1>
    <p>Web 2.0 是互联网的一次理念和思想体系的升级换代，由原来的自上而下的由少数资源控制者集中主导的互联网体系转变为自下而上的由广大用户集体智慧和力量主导的互联网体系.Web 2.0 内在的动力来源是将互联网的主导权交还个人，从而充分发掘个人的积极性，广大个人所贡献的影响和智慧与个人联系形成的社群影响替代了原来少数人所控制和制造的影响.</p>
    <h1>
    Web 2.0 的主要新技术
    </h1>
    <p>Web 2.0 的主要新技术与应用技术有 X、RSS(聚合服务)、博客 1、博客 2、移动博客、维基、网络社交平台、公众分类标签、即时通讯、对等联网等.以这些新技术与应用为特征和动力，推进互联网体系的变革.</p>
  </body>
</html>
```

【程序分析】代码中，<style>和</style>标记内所包含的部分就是定义的 CSS 内部样式，它直接作用于 HTML 页面内容，网页应用 CSS 样式后的运行效果如图 5.1 所示。

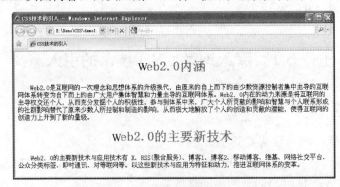

图 5.1 CSS 技术

小提示:

在 CSS 技术未出现前,为实现类似的页面样式效果,只能逐一设置单个 HTML 元素的属性来分别控制它们的样式,如例 5-2 所示。

【例 5-2】未使用 CSS 技术的页面内容的样式控制。

```
<body>
  <center><font color="red" face="宋体"><h1> Web 2.0 内涵</h1></font></center>
  <p>    
  Web 2.0 是互联网的一次理念和思想体系的升级换代,由原来的自上而下的由少数资源控制者集中主导的互联网体系转变为自下而上的由广大用户集体智慧和力量主导的互联网体系.Web 2.0 内在的动力来源是将互联网的主导权交还个人,从而充分发掘个人的积极性,参与到体系中来,广大个人所贡献的影响和智慧与个人联系形成的社群影响替代了原来少数人所控制和制造的影响,从而极大地解放了个人的创造和贡献的潜能,使得互联网的创造力上升到了新的量级.
  <center><font color="red" face="宋体"><h1>Web 2.0 的主要新技术</h1></font></center>
  <p>    
  Web 2.0 的主要新技术与应用技术有 X、RSS(聚合服务)、博客1、博客2、移动博客、维基、网络社交平台、公众分类标签、即时通讯、对等联网等.以这些新技术与应用为特征和动力,推进互联网体系的变革.
  </p>
</body>
```

上述例子初步展示了 CSS 技术对网页文本内容的样式控制,实际上 CSS 技术非常强大,可以对网页的样式进行统一定义,通过下边的一个综合网页在应用 CSS 技术和未使用 CSS 技术的前后样式效果对比来体会 CSS 技术的神奇之处。未使用 CSS 技术前的页面外观效果如图 5.2 所示,应用 CSS 技术后的外观效果如图 5.3 所示。

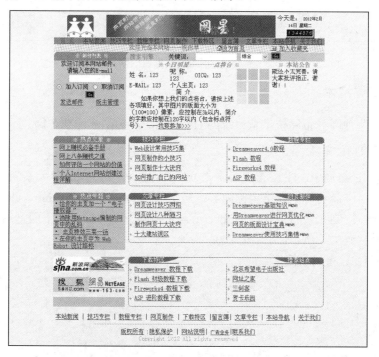

图 5.2　未使用 CSS 技术的网页外观

知识延伸：

要实现图 5.3 的页面样式效果，仅在图 5.2 网页内容的基础上定义并应用一个独立的 CSS 样式文件，就可实现对网页整体样式的统一控制。同时，也可将上述的 CSS 样式文件应用到其他页面，实现类似的外观样式。

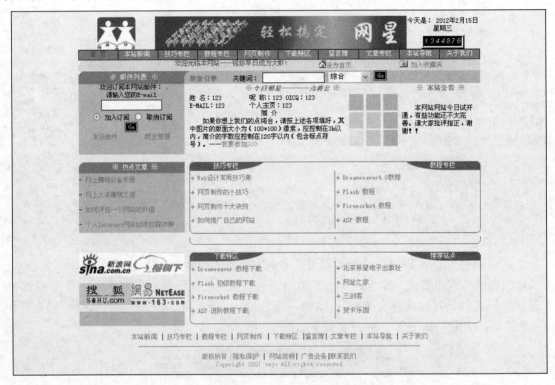

图 5.3　整体使用 CSS 技术后的网页效果

5.1.2　网页布局技术

目前通用的两种网页布局技术是传统的 HTML 布局和 Web 标准布局。

1. 传统的 HTML 布局

传统的 HTML 布局中，主要布局元素是 table 元素。一般用 table 元素的单元格将页面分区，然后在单元格中嵌套其他表格定位内容。通常使用 table 元素的 align、vlign、cellspacing、cellpadding 等属性控制元素的位置，用 font 元素来控制文本的显示。下面是用 table 元素简单布局的例子，其代码如下所示。

【例 5-3】HTML 布局示例。

```
<table border="0" cellpadding="0" cellspacing="0" width="100%">
  <tr>
   <!--定义标题的内容居中-->
   <th align="center">
    <font color="red">望岳</font>
   </th>
```

```
    </tr>
    <tr>
     <td align="center">
杜甫<br/>
        岱宗夫如何?齐鲁青未了.<br/>
        造化钟神秀,阴阳割昏晓.<br/>
        荡胸生曾云,决眦入归鸟.<br/>
        会当凌绝顶,一览众山小.<br/>
     </td>
    </tr>
</table>
```

【程序分析】页面运行效果如图 5.4 所示。代码中使用 table 元素的相关属性定义表格的样式,如使用 table 元素的 width 属性控制表格的尺寸; td 元素的 align 属性控制单元格内容位置,即居中显示; font 元素控制字体的颜色。

从上述代码分析可以看出,使用传统的 HTML 布局时,页面内容的结构(即元素)与页面内容的样式(即元素的属性)混在一起。

图 5.4　HTML 布局的页面

 知识延伸:

使用早期流行的 table 技术进行网页布局已经有很长的历史和较成熟的技术规范,现在仍然可以看到很多使用 table 技术设计实现的界面良好的网站,但其存在的突出缺点是无法实现页面内容和修饰的分离,导致改版困难;页面代码语义不明确,导致数据利用困难;另外页面内容要等表格中的内容加载完后才能显示,导致加载速度慢。

2. Web 标准布局

Web 标准主要包含 3 个方面:结构标准语言(主要包括 XHTML 和 XML)、表现结构语言(主要包括 CSS)和行为标准(主要包括对象模型、ECMAScript)等。

这里研究的主要是将结构标准与表现结构结合的 Web 标准布局(即 XHTML+CSS)的网页实现。它将页面结构部分与页面表现部分分离,页面结构采用 XHTML 技术,通常使用页面分块标记 DIV 进行页面框架区域的划分,页面的样式则是通过 CSS 定义页面各元素的样式来设计,其优点是网站设计代码规范、简洁,增加了关键字占网页总代码的比重,实现了搜索引擎的优化。自 2005 年以来,Web 2.0 的提出和应用给 IT 界带来了新的技术革新。

【例 5-4】Web 标准布局示例的代码如下：

```
<head>
  <meta http-equiv="Content-Type" content="text/html; charset=gb2312" />
  <title>web 标准布局</title>
  <link href="style1.css" type="text/css" rel="stylesheet"/>
</head>
<body>
  <div id="mainBody">
    <span class="title">望岳</span>
    <span>杜甫 <br/>
    岱宗夫如何?齐鲁青未了.<br/>
    造化钟神秀,阴阳割昏晓.<br/>
    荡胸生曾云,决眦入归鸟.<br/>
    会当凌绝顶,一览众山小.
    </span>
  </div>
</body>
```

其中代码：

```
<link href="style.css" type="text/css" rel="stylesheet"/>
```

实现了调用外部样式表文件(style.css)，CSS 文件代码如下：

```
.title{
  color:red; /*定义文本标题颜色*/
  display:block;
    }
#mainBody{
  width:100%;
  border:1px black dotted;
  text-align:center; /*定义文本居中*/
}
```

 经验之谈：

使用 CSS 的标准布局，并不是简单地用 div 等元素替代 table 元素，而是从根本上改变对页面的理解方式，即结构和表现分离。

任务 5.2 CSS 选择符的使用

任务陈述

任务构思与目标：信息统计表内容如图 5.5 所示，通过定义 CSS 各类选择符的样式，实现对表格样式的定义。

任务设计：区分掌握各类选择符的使用，分析如何将以下 CSS 样式代码应用到 table 表格的各个子元素，从而实现图 5.5 所示的表格外观样式。

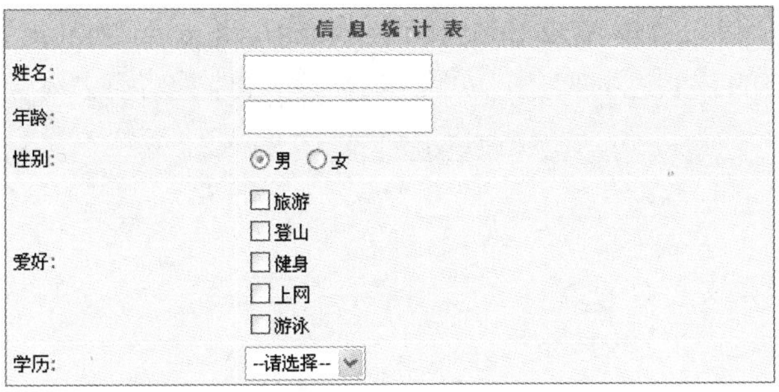

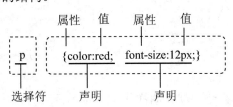

图 5.5　各类选择符的综合应用

表格 table 的 CSS 样式代码如下：

```
table.default{ /* 定义表格样式*/
 border:1px solid #3366CC;
     }
table.default td{ /* 定义表格单元格样式*/
 padding:2 5 2 5;
 height:26px;
 border:1px solid #ffffff;
 background-color:#f0f0f0;
     }
table.default tr.title td {
 font-weight:bold;
 text-align:center;
 background:#99CCFF;
 color:red;/*字体颜色*/
 border:1px solid #ffffff;
 white-space:nowrap;
 height:26px;
     }
```

知识准备

5.2.1　CSS 的基本语法

通常情况下，CSS 的语法包括 3 个方面：选择符、属性和属性值，基本写法如下：

选择符{属性：属性值；属性：属性值；...；属性：属性值}

例：p{color:red;font-size:12pt}，这段代码的作用是定义页面 html 元素段落 p 内容的字体颜色是红色，文字大小是 12pt。

图 5.6 展示了上述代码的结构。

图 5.6　CSS 样式代码的结构

通过上述简单的介绍，可以推知 Body{color:blue;Background-color: blue}这段代码的作用是定义页面主体 Body 的背景色为白色，页面内容(除非再次设置)字体颜色为蓝色。

 小提示：

(1) 一个样式表的定义要包含在{}之中。

(2) 属性和属性值之间用 "："分隔。

(3) 当有多个属性时，多个属性之间用 "；"分隔。

(4) 若属性值为多个单词，则须用引号("")将值括起来。

例：p {font-family: "sans serif";}。

5.2.2 选择符

选择符指定了将 CSS 样式应用到的对象，CSS 选择符有 3 种基本类型：HTML 选择符、自定义类选择符、伪类选择符及其他派生选择符，下边分别来介绍这些选择符的定义及对应选择符样式的使用。

1. 通配选择符

通配选择符的写法是 "*"，其含义是所有元素。如

```
*{font-size:12px;}
```

该代码定义页面所有文本的字体大小为 12px。

2. HTML 选择符

所谓 HTML 选择符，就是用文档语言对象类型作为选择符，即使用结构中的元素名作为选择符，如 body、div、p 等。重新定义 HTML 标签的展现样式，将样式与某一特定的 XHTML 标记绑定在一起。

【例 5-5】使用 HTML 选择符重新定义标签 <h1>的样式。

```
<html>
  <head>
  <title>HTML 选择符的使用 1-重新定义 html 标签的样式</title>
  <style type="text/css">  /*内嵌样式定义的 CSS 样式表*/
  h1{
  color:#666666;  /*将 h1 标题颜色定义为灰色*/
  font-size:2em;  /*将 h1 标题字体大小定义为当前页面字体的 2 倍*/
  }
  </style>
  </head>
  <body>
    <h1>HTML 选择符的使用</h1>
  </body>
</html>
```

【程序分析】HTML 标签<h1>默认的样式是文本黑色大体字居中显示，可以使用 HTML 选择符定义成任何想要的效果样式，效果如图 5.7 所示。

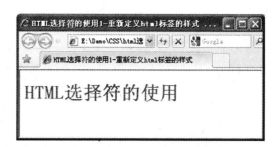

图 5.7　HTML 选择符的使用

【例 5-6】HTML 选择符的作用范围。

```
<html>
  <head>
  <title>html 选择符的作用范围</title>
  <style type="text/css">
  p{ /*定义 p 标签的样式*/
  color:red;        /*文本颜色为红色*/
  font-size:16px; /*字体大小*/
  font-weight:bold; /*粗体*/
  text-align:center; /*居中*/
  }
  </style>
  </head>
  <body>
    <p>这是段落 1</p>
    <p>这是段落 2</p>
  </body>
```

【程序分析】上述代码定义的 HTML 选择符的样式在整个 HTML 文档中有效，选择符即作用对象：段落 p，所以样式的作用对象是整个 HTML 文档的所有段落<p>标签。因此页面中的两个段落标签的样式效果相同，具体运行效果如图 5.8 所示。

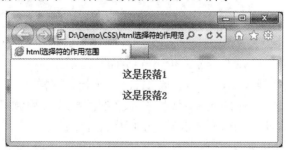

图 5.8　HTML 选择符的作用范围

　知识延伸：

为丰富页面的效果，有时想让相同的标签元素具有不同的样式效果，通过 HTML 选择符不能实现，需自定义类选择符来实现。

3. 类选择符

类选择符的定义语法如下：

.类名{样式表}

其中，"."符号后是类选择符名，类选择符命名要遵循变量命名规则，另外避免使用与 XHTML 元素名相同的类名。

【例 5-7】类选择符的定义及使用。

接例 5-6，现在要实现个性化定制，要求页面两个段落 p 具有不同的样式效果，如图 5.9 所示。通过创建类选择符来实现。

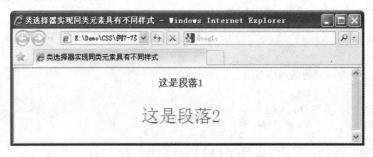

图 5.9　类选择符的定义

(1) 通过新建两个类选择符来定义不同的样式，代码如下：

```css
<style type="text/css">
  .style1{ /*样式一*/
  color:red;
  font-size:16px; /*字体大小*/
  font-weight:bold; /*粗体*/
  text-align:center;
    }
  .style2{ /*样式二*/
   color:red;
  font-size:30px;
  text-align:center;
    }
</style>
```

(2) 将定义的类的样式(style1、style2)应用到页面某元素。

创建类选择符定义好样式后，并不能像 HTML 选择符那样会自动将样式应用到对应的 XHTML 元素，需要通过元素的 class 属性将定义好的样式应用到某元素中，在应用类的 XHTML 标记中，不要在类值的前面加点号。引用格式如下：

<元素 class="类选择符名">

这里将上述定义的类样式(style1、style2)分别应用到页面段落元素，从而使页面两个段落呈现不同的样式效果，代码如下所示。

```html
<body>
  <p class="style1">这是段落 1</p>
  <p class="style2">这是段落 2</p>
</body>
```

小提示:

类选择符的使用分两步，(1)创建类选择符样式；(2)通过元素的class属性将定义的样式应用到该元素。

有时可能需要将 CSS 规则应用到网页中的某一类元素中，而不是将样式与某一特定的XHTML 标记绑定在一起，这时仍然需要通过"类选择符"来实现。

【例5-8】同一类选择符样式应用到不同元素的例子如下。

下面的代码创建一个称为"style1"的类。

```
<style type="text/css">
  .style1{        /*样式一*/
  font-size:12pt; /*字体大小*/
  font-weight:bold; /*粗体*/
  font-family:Arial, Helvetica, sans-serif
    }
</style>
```

为 style1 类设置的样式可以应用到任何 XHTML 元素中，它的做法是使用 class 属性。

```
<body>
<!--应用到 h1 元素-->
<h1 class="style1">W3C 的 CSS 校验器</h1>
<!--应用到 p 元素-->
<p class="style1">使用 W3C 的 CSS 校验器(http://jigsaw.w3.org/css-validator)
检查 CSS 语法</p>
</body>
```

页面效果如图 5.10 所示。

图 5.10　类选择符应用到不同元素

4. id 选择符

有时想将某一特定的样式应用到某一特定的 XHTML 元素中，而不是所有出现该元素的地方，这时，就须定义 id 选择符，id 选择符须在开头处加"#"符号。基本语法如下：

#id 选择符名{样式表}

下边定义名为"new"的 id 选择符样式。

```
#new{
  font-size:12pt; /*字体大小*/
```

```
font-weight:bold;  /*粗体*/
font-family:Arial, Helvetica, sans-serif
   }
```

将这个样式表绑定到 HTML 元素上时，需要引用 id 属性，代码如下所示：

```
<h1 id="new">W3C 的 CSS 校验器</h1>
```

 经验之谈：

在 CSS 中使用 id 选择符和使用类选择符很相似，id 只能用来定义单一元素，若用它定义两个以上元素时，页面不会出现什么问题，但是 W3C 检测的时候认为页面不符合标准；class 是类，同一个 class 可以定义多个元素，就页面效果而言，使用 id 选择符和使用类选择符在视觉效果上几乎无差别。通常在涉及一个 XHTML 元素或需要程序、JavaScript 控制时使用 id 选择符，而在涉及多个 XHTML 元素时使用类选择符。

5. 伪类选择符

人们访问网站时经常看到这样的动态效果，当移动鼠标指针经过超链接时它们会改变颜色，如图 5.11 所示，这是通过 CSS 的一种称为伪类的特殊技术来实现的，其基本语法如下所示：

a: 伪类{属性：属性值；属性：属性值；...属性：属性值}

Navigtion Links

Yahoo! Google

图 5.11　超链接动态样式效果

表 5-1 列出了 4 种可以用于锚标记的伪类，注意其书写顺序：链接(link)→已访问链接(visited)→鼠标经过(hover)→激活(active)，锚元素的伪类只有按这种顺序进行编码，才能出现想要的动态样式效果，大家可以对此进行代码验证工作。

表 5-1　可用于锚标记的伪类

伪　　类	状　　态
Link	没被访问过的链接的默认状态
visited	已访问过链接的默认状态
hover	鼠标移到超链接上触发
active	鼠标单击超链接时触发

【例 5-9】使用伪类选择符实现超链接动态样式。

```
<html>
  <head>
  <title>超链接动态样式</title>
  <style type="text/css">
  a:link{  /*未访问的超链接状态*/
  background-color:#ffffff;
```

```
color:#ff0000;
}
a:visited{ /*已访问的超链接状态*/
background-color:#ffffff;
color:#00ff00;
}
a:hover{ /*鼠标移到超链接上状态*/
background-color:#ffffff;
color:#000066;
text-decoration:none;
}
</style>
</head>
<body>
  <div align="center">
    <h2>Navigtion Links</h2>
    <p>
      <a href="http://yahoo.com">Yahoo!</a>
      <a href="http://google.com">Google</a>
    </p>
  </div>
</body>
</html>
```

6. 组合选择符

若多个选择符应用相同的样式，如下代码所示：

```
h1{ color:blue;}
#text{ color:blue;}
.style1{ color:blue;}
```

则可以进行 CSS 代码优化，合并为一组，这也是符合 CSS 代码优化原则的，实现代码如下：

```
h1,#text,/style1{ color:blue;}
```

7. 包含选择符

包含选择符根据元素在其位置上的上下文关系来定义样式，这种方式很好地体现了 CSS 的级联特性，写法如下：

选择符 1　选择符 2{样式}

如：div p{font-size：12px}

该样式效果：在所有被 div 元素包含的 p 元素中，文本的大小是 12px。

 小提示：

选择符 1 和选择符 2 之间用空格分隔，应用的对象范围是所有包含在选择符 1 中的选择符 2 元素，最终作用对象是选择符 2。

任务实施

结合图 5.5 所示的表格外观，分析各选择符的样式，表格应用样式代码如下所示：

```html
<html xmlns="http://www.w3.org/1999/xhtml" >
<head>
    <title>无标题页</title>
    <link rel="stylesheet" type="text/css" href="css1.css" />
</head>
<body>
<form action="" name="f1" method="post" >
<!--表格引用类选择符样式-->
<table class="default" width="80%">
<!--标题单元格引用样式-->
<tr class="title">
    <th colspan="2">信  息  统  计  表
</th>
</tr>
<tr>
    <!--左侧单元格引用样式-->
    <td class="item">姓名:</td>
    <td><input type="text" name="name" size="20"></td>
</tr>
<tr>
    <td class="item">年龄:</td>
    <td><input type="text" name="age" size="20"></td>
</tr>
<tr>
    <td class="item">性别:</td>

    <td><input type="radio" name="sex" value="1" checked>男
        <input type="radio" name="sex" value="0">女</td>
</tr>
<tr>
    <td class="item">爱好:</td>
    <td>
        <input type="checkbox" name="interest" value="1">旅游<br>
        <input type="checkbox" name="interest" value="2">登山<br>
        <input type="checkbox" name="interest" value="3">健身<br>
        <input type="checkbox" name="interest" value="4">上网<br>
        <input type="checkbox" name="interest" value="5">游泳<br>   </td>
</tr>
<tr>
    <td class="item" >学历:</td>
    <td>
        <select name="degree">
            <option value="">--请选择--</option>
            <option value="2">专科</option>
```

```
            <option value="3">本科</option>
            <option value="4">硕士</option>
        </select></td>
    </tr>
    </table>
    </form>
    </body>
    </html>
```

任务 5.3　CSS 样式表的应用

任务陈述

任务构思与目标：掌握各种类型样式表的定义及使用，掌握不同类型样式表的优先级。

任务设计：分析如下代码，段落元素 p 应用了 3 种类型的样式表：嵌入样式表、内联样式表、外联样式表，当多个样式表作用于同一个页面对象时，哪种样式表的优先级更高一些呢？

```
<html>
  <head>
    <title>验证样式表的优先级</title>
    <style type="text/css">
    p{
    color:red;
    font-size:20pt;
    font-weight:normal;
      }
    </style>
    <link href="style.css" rel="stylesheet" type="text/css" />
  </head>
  <body>
    <p style="font-size:20pt; font-weight:bold; color:blue;">样式表的优先级验
证</p>
  </body>
  </html>
```

其中，外部样式表(style.css)代码如下所示：

```
p{
color:green;
font-size:12pt;
font-weight:normal;
  }
```

知识准备

前边详细讲述了 CSS 的基本语法，根据需要创建选择符样式，从而将 CSS 样式绑定到 HTML 页面中的对象。接下来研究的是当样式定义好后，如何将其应用到 HTML 页面。

CSS 样式应用到页面的方法有 3 种：嵌入样式表、内联样式表、外联样式表。

1. 嵌入样式表

嵌入样式表使用<style>标签将 CSS 样式表放到网页头部分<head>标签内，样式表可以应用于整个网页。其基本写法如下：

<style type="text/css">

...

</style>

下面的代码是<style>标记的一个例子，它使用嵌入样式设置了页面的基本信息：文本位置、字体大小、页面整体位置。

```
<head>
  <style type="text/css">
  body{   /*页面基本信息*/
  margin:0px;
  font-size: 12px;
  text-align:center;  /* 页面文本居中*/
    }
  </style>
</head>
```

小提示：

样式代码中缩进不是必须的，但是它使得样式的可读性更强，并且维护起来也较方便。

2. 内联样式表

内联样式表又称为 CSS，通过使用 HTML 标记的 style 属性来进行编码。如：

```
<p style="color:red; font-weight:bold">
  段落内容
</p>
```

内联样式表定义的样式作用对象是页面单个元素，如上例 style 属性定义的内联样式作用对象只能是段落元素 p。

小提示：

(1) 若有多个属性，则用分号(;)进行分割，并且都包含在双引号(“”)内。

(2) 页面设计时，不提倡使用内联样式表，因为这种方法不能将页面表现和页面结构很好地分开。通常在不得已情况下才用作补充调整。

3. 外联样式表

外联样式表作为一个独立的文本文件存放在 HTML 页面外部，扩展名为“.css”。

【例 5-10】动手实践外联样式表的定义。

(1) 打开记事本新建"style.css"文件，文件输入样式规则，代码如图 5.12 所示。

图 5.12　建立外部"style.css"样式表文件

(2) 将定义的"style.css"样式文件应用于 HTML 页面。

将 CSS 外部样式表文件作用于当前页面，通常使用<link>标签来引用样式表，写法是：

```
<link href="style.css" type="text/css" rel="stylesheet"/>
```

完整代码如下所示：

```
<html xmlns="http://www.w3.org/1999/xhtml">
  <head>
    <title>外部样式表的定义</title>
    <link href="style.css" type="text/css" rel="stylesheet"/>
  </head>
  <body>
    <p>这是一个外部样式表的例子.</p>
  </body>
</html>
```

代码运行效果如图 5.13 所示。

图 5.13　外部样式表的页面效果

 经验之谈：

(1) 引用 CSS 外部样式表文件时，rel 属性一定不能省略，否则样式将不会发挥作用。

(2) 在创建网站时，若整站包含的若干子页面具有相似的页面外观效果，这时使用一个独立的外联样式表是非常好的方案。

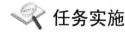 **任务实施**

4. 样式表的优先级

上述讲了 3 种类型的样式表：嵌入样式表、内联样式表、外联样式表，当这多个样式表作用于同一个页面对象时，通过运行程序验证哪种样式表的优先级更高一些。

段落 p 文本样式效果如图 5.14 所示，段落文本为蓝色、粗体、20pt 大小。

图 5.14　多重样式表情况下的优先级

 深入学习：

任务 5.3 中，段落元素 P 同时调用 3 种类型的样式，并且这 3 种样式方案互斥(文本颜色各不同)，最终作用于文本的是优先级最高的内联样式。读者可在此基础上尝试继续进行嵌入样式表与外联样式表优先级的验证。结论是：内联样式优先级最高，其次是嵌入样式，优先级最低的是外联样式。

任务 5.4　调试 CSS

 任务陈述

任务构思与目标： 能熟练使用工具进行 CSS 代码书写、调试、兼容性测试是熟练应用 CSS 技术的基本前提，也是基础的工程经验。

任务设计： 介绍当前主流工具及使用方式，使用工具可以方便书写 CSS 代码、调试 CSS 代码、进行兼容性测试。

 任务实施

在使用 CSS 进行网页布局时，经常会出现一些异常情况。这些情况通常是由于定义的属性之间有冲突造成的。在页面表现不能按照设计意图展示时，就要想办法找到出错的原因，这就涉及 CSS 的调试问题。

调试 CSS 的方法有很多，每个人用的方法也不尽相同。下面介绍关于 CSS 代码生成及代码调试的相关基础知识。

5.4.1　写 CSS 代码

对于 CSS 语法不太熟练的初学者使用 Dreamweaver 作为开发工具是个不错的选择。使用 Dreamweaver 工具新建样式，根据选择符类型创建对应的选择符样式表，可生成嵌入样式(选中"仅对该文档"单选按钮)、外联样式(选择"定义在"单选按钮)，如图 5.15 所示。

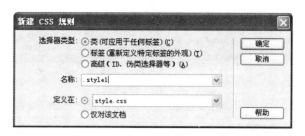

图 5.15　在 Dreamweaver IDE 中创建 CSS 规则

另外一种内联样式则是在 HTML 文档中元素后直接使用智能提示定义元素 style 属性，如图 5.16 所示。

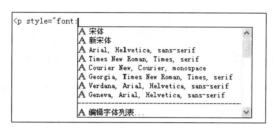

图 5.16　生成内联样式代码

定义好样式表位置后，下边来写 CSS 样式代码。在 Dreamweaver 中，通过简单的操作可以自动生成对应的 CSS 样式代码，如图 5.17 所示，但不提倡这种定义方式。

通常使用 Dreamweaver 集成开发环境(IDE)有 CSS 语法的智能感知功能(Intelligent Sense)来写 CSS 样式代码，如图 5.18 所示。

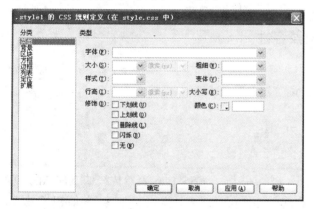

图 5.17　利用 Dreamweaver 可视化操作生成 CSS 样式表　　图 5.18　在智能感知模式下写 CSS 样式代码

当然，也可用任何文本编辑器来书写 CSS 样式代码，如工具记事本、EditPlus 等。

5.4.2　CSS 代码的调试

很多时候，定义的 CSS 样式代码在 Dreamweaver 的设计视图中显示的效果并不是浏览器中所显示的效果。考虑到页面最终要在浏览器中显示给读者，所以最好在浏览器中显示调试的效果。可以通过浏览器的开发工具：主流浏览器 IE 8.0 自带的 Developer Tools(如图 5.19 所示)。Firefox 浏览器自带的 Firebug 工具(如图 5.20 所示)结合页面在浏览器中的显示效果来查找 CSS

的样式定义在哪些位置上有问题，直接修改对应的 CSS 代码。

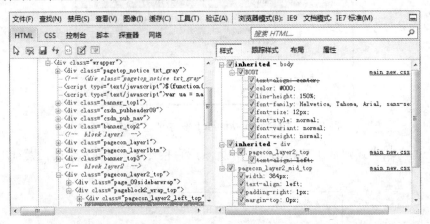

图 5.19　使用 IE Developer Tools 查看页面 CSS 样式代码

图 5.20　Firefox 网页调试插件 Firebug

5.4.3　验证 CSS 代码对不同浏览器的兼容性

由于不同的读者可能会使用不同的浏览器，所以在考虑兼容性的前提下，建议使用多个浏览器进行检测。现在比较常用的浏览器有 IE 浏览器、Firefox 浏览器等。

小　　结

本章主要介绍层叠样式表入门的基础知识，主要讲解了 CSS 样式表较传统的 XHTML 页面布局的优势、根据相应的场景选择创建合适的类选择符样式表、样式表类型，并能初步灵活使用各种开发工具书写、调试 CSS 代码。

使用层叠样式表的优点如下。

1. 更多排版和页面布局控制

这些功能包括字体尺寸、行间距、字间距、缩进、页边距和元素定位。

2. 样式和结构分离

CSS 允许将样式保存在单独的文件中并在网页中应用。修改样式时直接修改 CSS 文件，不用修改 XHTML。

3. 样式可以单独保存

4. 不需要<font>标记

这使得网页文档更简洁且更容易理解。

5. 更方便的网站维护

层叠样式表的缺点如下。

CSS 技术还没有被浏览器统一支持，不同浏览器对应的 CSS 属性不尽相同，即兼容性，给网页设计者带来很多困扰，同一个页面要在不同的主流浏览器上运行以进行测试，但是随着越来越多的浏览器开始向标准靠拢，这一缺点也不会是个大问题。

 知识延伸：

可以通过以下学习资源去更深入地学习 CSS 布局技术及其他内容。

(1) http://www.w3.org.cn。

(2) 较早的有关 W3C 标准的学习网站：http://www.w3schools.com/。

(3) 国内网页设计综合门户：http://www.68design.net/。

(4) DIV+CSS 学习网站：http://www.aa25.cn/div_css/904.shtml。

重 要 术 语

层叠样式表 CSS	HTML 选择符	包含选择符
HTML 布局	类选择符 class	嵌入样式表
Web 标准布局	id 选择符	内联样式表
选择符	伪类选择符	外联样式表
通配选择符	组合选择符	

自 我 测 试

一、填空题

1. 如果某个样式将会应用到页面上的多个元素，则应该用_____来设置这个样式。
2. 有以下 CSS 样式代码：

```
<html>
  <head>
    <style type="text/css">
    p{color:blue}
    p.stop{color:red}
    p#warning{color:yellow}
    p.normal{color:green}
    </style>
  </head>
  <body
```

```
    <p>①第一种样式</p>
    <p class="stop">②第二种样式</p>
    <p id="warning">③第三种样式</p>
    <p class="normal">④第四种样式</p>
    <p id="exception">⑤第五种样式</p>
  </body>
</html>
```

在上面的程序中使用了 CSS 的嵌入样式。①处文字显示的颜色为_____，②处文字显示的颜色为_____，③处文字显示的颜色为_____，④处文字显示的颜色为_____，⑤处文字显示的颜色为_____。

二、应用题

1. 列举在网页上使用 CSS 的 3 个理由。

2. 编写代码，设置网页使用名为"mystyle.css"的外部样式表。

3. 按 CSS 对属性应用的优先顺序排列以下各项。

内联样式

外部样式

XHTML 属性

内嵌样式

4. 编写一个内嵌样式表的 XHTML 和 CSS 代码，设置一个称为"new"的类，以粗体显示文本。

第6章　CSS 定位与 DIV 布局

 学习目标

知识目标	技能目标
(1) 按功能分类掌握常用 CSS 属性	(1) 能熟练应用 CSS 常用属性定义样式
(2) 掌握块元素、内联元素的布局特点、区别	(2) 能根据布局特点选用块元素或内联元素完成页
(3) 理解 CSS 框模型用以指导进行页面布局	面布局
(4) 掌握页面布局的两种方式：使用页面定位属性、	(3) 以 CSS 框模型进行页面布局
浮动属性进行页面定位	(4) 能熟练使用定位属性、浮动属性布局页面

 章节导读

本章按照功能分类学习 CSS 相关属性的使用，同时重点探讨 CSS 定位、布局技术，包括块元素和内联元素的基本概念、框模型、使用页面定位属性和浮动属性进行页面布局，使读者对 CSS 定位、布局技术有全面、深入的认知与掌握。

任务 6.1　掌握 CSS 常用属性

 任务陈述

任务构思与目标：使用 CSS 属性设计图 6.1 所示的页面效果，从而熟练掌握 CSS 常用属性的使用。

图 6.1　背景属性、文本属性的综合应用

任务设计：根据功能分类，综合应用 CSS 字体属性、文本属性、背景属性来设计页面。

 知识准备

6.1.1 基础知识

CSS 样式单位和值是 CSS 属性的基础，所有的属性都涉及取值问题。准确理解单位和值的概念将有助于应用 CSS 属性。其中长度、颜色和地址是使用最多的值，下面分别进行详细介绍。

1. 颜色单位

网页中颜色属性的值有多种表示方法，可以使用 HTML 所给定的常量名来表示颜色，如 <body text="red"> 表示设置文本色为红色；也可使用 6 个十六进制数表示颜色(RGB 即红、绿、蓝三色的组合)，如#ff0000 对应的是红色；同时也可以使用 RGB 函数的十进制形式，如 RGB(255，0，0)也表示红色。

1) 使用颜色名称

使用颜色名称可以实现比较简单的颜色效果。同时，只有一定数量的颜色名称可以被浏览器支持，主要的浏览器能够识别的颜色名称及对应的取值见表 6-1。

表 6-1　颜色名称及取值

颜色名称	值	颜色名称	值	颜色名称	值
红	red	黄	yellow	蓝	blue
银	silver	深青	teal	白	white
深蓝	navy	橄榄	olive	紫	purple
灰	gray	绿	green	浅绿	lime
褐	maroon	水绿	aqua	黑	black
紫红	fuchsia				

如：

```
p {color:red;}
```

该样式定义了段落中文本颜色为红色。

2) 使用十六进制颜色

使用十六进制颜色，即平时所说的"RGB 模式"，可以定义复杂的颜色，也是网页设计中最常用的方法。

如：

```
p {color:#ff6633;}
```

在使用十六进制颜色时，颜色值前一定要加"#"。六位数字中，前两位代表红色的值，中间两位代表绿色的值，最后两位代表蓝色的值。每组色值的数字越大，代表含有的成分越多。如#000000 代表没有任何三原色，即为黑色。

小提示：

颜色值不区分大小写，即#FFFFFF 和#ffffff 是一样的，都表示白色。

2. 长度单位

CSS 中，长度单位有两种，分别是绝对长度单位和相对长度单位。

1) 绝对长度单位

绝对长度单位分为 in(英寸)、cm(厘米)、mm(毫米)、pt(磅)、pc(pica)。其中 in(英寸)、cm(厘米)、mm(毫米)和实际常用的单位完全相同。pt(磅)是标准印刷上用的单位，72pt 的长度为 1 英寸。注意：pt(磅)单位的大小随着浏览器的不同而不同。pc(pica)也是一个印刷上用的单位，1pc 的长度为 12 磅。

小提示：

绝对长度单位虽然理解起来很容易，但是在网页的设计中很少使用(通常用于为打印文档定义样式)。

2) 相对长度单位

相对长度单位是使用最多的长度单位，包括 em、ex、px。

em 是定义字体大小的值，也就是文本中 font-size 属性的值。例如，定义某个元素的文字大小为 12pt，那么，对于这个元素来说 1em 就是 12pt。单位 em 的实际大小是受到字体尺寸影响的。如：

```
p{text-indent:2em; /*段落缩进 2 个字符*/}
```

px 就是通常所说的像素，是网页设计中使用最多的长度单位。实际上，px 的具体大小根据显示器分辨率的不同而不同，和划分屏幕格子的方式有关，每个方格就是一个像素。例如，同样是 100px 大小的字体，如果显示器使用 800×600 像素的分辨率，那么，每个字的宽度是屏幕的 1/8，若更改显示器的分辨率为 1024×768 像素，同样是 100px 字体的字，它的宽度就变为屏幕宽度的 1/10。

正如上述所讲到的，由于字体大小不是固定的，pt(磅)单位的大小随着浏览器的不同而不同，px(像素)会随着屏幕分辨率的不同而不同，因此字体尺寸没有严格的对应规则，在设置页面字体大小时参照图 6.2 的比较图表。

48pt	24pt	18pt	16pt	12pt		10pt	8pt
50px	32px	24px	20px	14px		12px	10px
xx-large	x-large	Larger	Medium	Small		x-Small	xx-small
3em	2em	1.5em	1.2em	1em		-1em	-2em
size 7	size 6	size 5	size 4	size 3 default font size		size 2	size 1

图 6.2　多种方式设置字体尺寸及比较

经验之谈：

页面字体方案的选择可参照图 6.1 的比较图表，确定目标客户所使用的平台(包括浏览器和浏览器分辨率)也是网页设计流程中的一个步骤。目前，运行在 1024×768 和 800×600 分辨率下的 Internet Explorer 是最常见的。

3. 百分比和 URL

百分比值和 URL 是长度和颜色以外的另外两个重要的值。

1) 百分比

百分比值的写法是"数字%"，其中数字可正可负。百分比值总要通过另一个值来计算得到。例如，一个元素的宽度为 100px，定义其中包含的子元素的宽度为 20%，那么，子元素的实际宽度就是 20px。如：

```
div{ width:100%; /*占满浏览器的整个宽度*/}
```

2) URL

URL 是指一个文件、文档或者图片等的路径。URL 地址分为相对 URL 地址和绝对 URL 地址，其语法结构如下：

```
url(路径地址)
```

绝对地址提供所链接文档的完整 URL 地址，对于 Web 页，还包括所使用的协议。如：

```
body {background-image: url(http://www.baidu.com/img/logo.gif);}
```

该样式实现的效果是设置 body 的背景为 logo.gif，其中 url 的值 http://www.baidu.com/img/logo.gif 就是一个绝对地址，指出要引用的图片在网络中的绝对位置。

相对 URL 是指相对于当前文档自身所在位置的路径。

如：有一网站结构如图 6.3 所示。

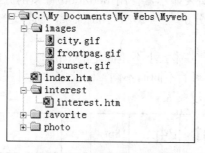

图 6.3　网站文件结构

若在 index.htm 页面要引用图片"sunset.gif"，由于当前页面 index.htm 与文件夹"images"在同一位置层次上，使用相对地址"images\"便可访问"images"文件夹，因此，使用"images\sunset.gif"这个相对地址即可引用图片文件，代码如下所示：

```
body {background-image: url(images\ sunset.gif);}
```

小提示：

(1) 在书写 URL 属性时，URL 和后面的括号 "（" 之间不能插入空格，否则会导致设置失效。

(2) 文档相对路径对于 Web 站点的本地连接来说是最适用的路径。

属性是 CSS 中最重要的内容之一，属性的知识和应用是 CSS 应用的主体部分。按照功能分类，常用的属性有字体属性、文本属性、背景属性、列表属性、定位属性等。

6.1.2　CSS 字体属性

在 "2.2.4 字体标记" 一节中讲到通过 XHTML 文本格式化标记，进行文本格式化。实际上，层叠样式表通过字体属性(包含字体方案、字体大小、字体颜色、字体风格等功能)也能设置网页中文本的字体样式。W3C 也推荐使用 CSS 字体属性代替<font>标记来格式化文本。

1. 设置文本字体名称——font-family 属性

基本语法：

```
font-family: 字体 1 , 字体 2，字体 3,...;
```

说明：

(1) 应用 font-family 属性可以一次定义多个字体，浏览器读取字体时，会按照定义的先后顺序决定使用哪种字体。若浏览器在本机上找不到第一种字体，则自动读取第二种字体，以此类推，如果定义的所有字体都找不到，则使用计算机系统的默认字体。

小提示：

原则上浏览器只支持系统中默认的字体。若不确定系统中的字体，或想尝试一些较少见的字体，可以在指定的字体后添加备用字体。如：

```
font-family:"全新硬笔行书简",宋体;
```

这样，若浏览者系统中没有 "全新硬笔行书简" 这个字体，浏览器会默认改变页面文本为宋体。

(2) 如果字体名称包含空格，则应使用引号括起来，如：font-family ： "Courier New"；

示例：

```
p{font-family: Courier, "Courier New", monospace;}
```

2. 设置字号——font-size 属性

font-size 属性设置或检索对象中的字体尺寸。

基本语法如下：

```
font-size : absolute-size | relative-size | length
```

具体参数见表 6-2。

表 6-2　font-size 属性参数

属性的取值	说　　明
absolute-size	xx-small、x-small、small、medium、large、x-large、xx-large
relative-size	相对于父对象中字体尺寸进行相对调节：larger、smaller
length	百分数：其百分比取值基于父对象中字体的尺寸

说明：font-size 属性默认值为 absolute-size 的 medium 值。

示例：

```
p {font-size: 14px;}
p {font-size: 20%;}
```

3. 设置字体颜色——color 属性

用 color 属性设置字体颜色，正如 "6.1.1 基础知识" 一节中所讲到的，颜色取值有 3 种方法，如：

```
p{ color:red; /*红色*/}
p{ color:RGB(255,0,0); /*红色*/}
p{ color:#FF0000; /*红色*/}
```

4. 设置字体样式——font-style 属性

字体样式就是设置字体是否为斜体。

基本语法：

```
font-style : normal | italic | oblique
```

具体参数见表 6-3。

表 6-3　font-style 属性参数

属性的取值	说　　明
normal	正常的字体
italic	斜体
oblique	倾斜的字体

示例：

```
p {font-style: normal;}
p {font-style: italic;}
p {font-style: oblique;}
```

5. 设置字体加粗——font-weight 属性

font-weight 属性用来设置字体的加粗。

基本语法：

```
font-weight : normal | bold | bolder | lighter | number
```

具体参数见表 6-4。

表 6-4　font-weight 属性参数

属性的取值	说　　明
normal	正常粗细(默认显示)
bold	粗体(粗细约为数字 700)
bolder	加粗体
lighter	细体(比正常字体还细)
number	数字一般都是整百

6. 字体变形

font-variant 属性可以设定小型大写字母。

小型大写字母不是一般的大写字母，也不是小写字母，这种字母采用不同大小的大写字母。如：

```
p {font-variant:small-caps;}
```

7. 组合设置字体属性——font 属性

font 属性是复合属性，可以同时对文字多个属性(包括字体斜体、字体变体、字体加粗、字体大小/行高、字体样式)进行设置，基本语法如下：

```
font : font-style | font-variant | font-weight | font-size / line-height | font-family
```

用户可根据需要按顺序选择设置其中的一个或多个属性，如：

```
p { font: italic small-caps 600 12pts/18pts 宋体; }
p { font: italic small-caps 600 12pts/150% Courier; }
p { font: italic small-caps 600 12pts/1.5  Courier; }
p { font: /18pts serif; }
p { font: oblique 100 24pts; }
p { font: 15pt/17pt bold "Arial" normal }
```

【例 6-1】使用 font 组合属性设置字体总体方案，源代码如下：

```
<html>
<head>
  <title>小实例----综合设置字体</title>
  <style type="text/css">
/*font 综合属性的应用*/
  h3{ font: bolder 25px 黑体;}
  .p1{ font:italic small-caps 15pt/20pt 宋体; }
  </style>
</head>
<body>
  <center>
   <h3>CSS 基本概念</h3>
   </center>
   <hr/>
```

```
        CSS(Cascading Style Sheet)即层叠样式表，简称样式表。<br/>
        <p class="p1">    CSS(CASCADING STYLE SHEET)即层叠样式
表，简称样式表。</p>
      </body>
      </html>
```

程序运行，页面效果如图 6.4 所示。

CSS基本概念

CSS(Cascading Style Sheet)即层叠样式表，简称样式表。

CSS(CASCADING STYLE SHEET)即层叠样式表， 简称样式表。

图 6.4 font 综合属性的应用

小提示：

除字体颜色外，字体其他属性完全可以通过 font 组合属性取代，如例 6-1，从而简化 CSS 代码，这符合 CSS 代码的优化原则，应用其他 CSS 属性时也遵循这一原则。

6.1.3 文本属性

CSS 对网页内容的控制比 HTML 更精确，有更多排版和页面布局控制功能(包括字符间距、缩进、单词间距、文字修饰等)，通过文本属性可以对文本实现更加精细的控制。

1. 调整字符间距——letter-spacing

字符间距 letter-spacing 用于控制字符之间的间距，即浏览器中所显示的字符间的空格距离，具体参数见表 6-5。

基本语法：

```
letter-spacing:normal|长度
```

表 6-5 letter-spacing 属性参数

属性的取值	说　　明
normal	表示间距正常显示，是默认设置
长度	包括长度值和长度单位，长度值可以用负数

2. 调整单词间距——word-spacing

word-spacing 属性主要用来控制单词之间的空格距离。

基本语法：

```
word-spacing:normal|长度
```

注意：letter-spacing 主要用于控制字符间的间距，而 word-spacing 属性主要用来控制单词之间的距离。

【例 6-2】letter-spacing 属性与 word-spacing 属性的区别，页面效果如图 6.5 所示。

```
<html>
<head>
<title>word-spacing 与 letter-spacing 属性的区别</title>
<style>
 h1{
    font: normal small-caps bold 24px/150% 宋体;  /*综合设置字体方案*/
    text-align:center;
  }
  .p1{
    color:#ff0000;
    letter-spacing:5px;  /*字符间距为 5px*/
  }
  .p2{
color:RGB(255,0,0);  /* 红色*/
    letter-spacing:normal;   /*字符间距为正常*/
  }
  .p3{
    word-spacing:5px;  /*字间距为 5px*/
  }
</style>
</head>
<body>
<h1>设置字符间距</h1>
 <p class="p1">This is an example of letter-spacing</p>
 <p class="p3">This is an example of word-spacing</p>
 <p class="p1">这段汉字的字母间距为 5px</p>
 <p class="p3">这段汉字的字间距为 5px</p>
 <p class="p2">这段文字的间距为正常值</p>
</body>
</html>
```

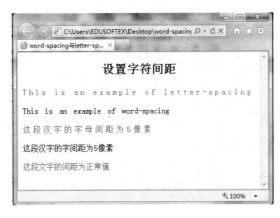

图 6.5　设置字符间距

3. 文字修饰——text-decoration

文字修饰 text-decoration 主要用来对文字添加一些常用的修饰，如设置下划线和删除线等。
基本语法：

```
text-decoration:underline|overline|line-through|blink|none
```

具体参数见表 6-6。

表 6-6　text-decoration 属性参数

属性的取值	说　　明
underline	给文字添加下划线
overline	给文字添加上划线
line-through	给文字添加删除线
blink	添加闪烁效果，只能在 Netscape 浏览器中正常显示
none	没有文本修饰，是默认值

4. 文本对齐方式——text-align

text-align 属性用来控制文本的排列和对齐方式。
基本语法：

```
text-align:left|center|right|justify
```

其中，left 代表左对齐方式，right 代表右对齐方式，center 代表居中对齐方式，justify 代表两端对齐。
示例：

```
p{text-align:center;/*居中对齐*/}
```

5. 调整行高——line-height

使用行高 line-height 属性可以控制文本内容之间的行间距，通常指两相邻行之间的距离。
基本语法：

```
Line-height:normal|数字|长度|百分比
```

示例：

```
p{ line-height:150%; /*行高为字号的 150%*/}
p{ line-height:18px; /*行高为 18px*/}
p{ line-height:2; /*行高为字号的 2 倍*/}
```

6. 文本缩进——text-indent

规定文本块中首行文本的缩进。

```
p{text-indent:2px;} /*段落首行缩进 2px*/
p{text-indent:2em;} /*段落首行缩进 2 字符 */
```

6.1.4　背景属性

CSS 允许应用纯色作为背景，也允许使用背景图像创建复杂的效果，背景各属性见表 6-7。

表 6-7　背景各属性

属　　性	说　　明
background-color	背景颜色
background-image	设置图像背景
background-repeat	对背景图像是否及如何重复
background-position	改变背景图像中的起始位置
background	简写属性。用于把所有背景属性设置于一个声明中，用户可根据需要按下列顺序选择设置其中的一个或多个属性： background-color|background-image|background-repeat |background-attachment|background-position

示例：

```
p {background-color: gray;}
body{
    background-image:url('/i/eg_bg_03.gif');
    background-repeat:no-repeat;
    background-position:50% 50%;
    background-attachment:fixed;
  }
也可以简写成：
body{background:url(img/ eg_bg_03.gif)  no-repeat  50% 50%;
background-attachment:fixed;}
```

任务实施

6.1.5　属性的综合应用

综合应用 CSS 字体属性、文本属性、背景属性，代码如下所示：

```
<html>
<head>
<style type="text/css">
#preamble {
padding : 0px;
width : 288px;
}
#preamble h3 { /*标题块*/
/*背景属性的应用*/
background:url(img/hdr_enlightenment.png)  no-repeat; height : 47px;
margin : 0px;
padding : 0px;
}
```

```
/*文本、字体属性的综合应用*/
#preamble p.p1 {
font :  14px/1.5em  微软雅黑;
width : 288px;
margin-top : 10px;
text-indent:2em; /*段落文本首行缩进 2 个字符*/
line-height:150%;/*文本行间距为当前行的 1.5 倍行距*/
} </style>
<title>网页内容的布局</title>
</head>
<body>
<div id="preamble">
    <h3><span></span></h3>
    <p class="p1"><span>保持简单纯朴:大多数 Web2.0 应用程序都会给用户体验中添加技术层
面或者管理层面.如用 del.icio.us 来管理链接,用 flickr 来分享照片,或用 backpack 来安排任务.一
个好的 Web 2.0 程序应该短小精干并易于上手,而高明的视觉设计和文本能帮助我们去除入门的屏障.
</span></p>
</div>
</body>
</html>
```

 经验之谈:

传统的 HTML 页面通常使用<image>标记将图像作为页面的内容加载，而在 CSS 页面布局中经常使用背景(background)属性将图片作为页面分块的背景加载。

 巩固与拓展

6.1.6 列表属性

CSS 列表属性允许改变有序列表、无序列表项标记的默认类型，或者将图像作为列表项标记。列表各分属性见表 6-8。

表 6-8 列表分属性

属　　性	说　　明
list-style-type	设置列表项标记的类型
list-style-image	设置有序或无序列表项标记图像
list-style-position	设置列表项标记的位置
list-style	简写属性。把所有用于列表的属性设置于一个声明中，用户可根据需要按下列顺序选择设置其中的一个或多个属性： list-style-type|list-style-position|list-style-image

示例：

```
ul {list-style-type : square}
ul li {list-style-image : url(xxx.gif)}
ul { list-style-position:inside; }
```

```
li {list-style : url(example.gif) square inside}
```

导航菜单是常见页面元素，有助于页面内容的导航，业界影响颇大的网页设计师如 Eric Meyer、Mark Newhouse、Jeffery Zeldman 等人都提倡使用无序列表来实现导航菜单，毕竟一个导航菜单也是一个链接列表。

【例 6-3】UL 与 CSS 技术结合制作垂直下拉菜单，效果如图 6.6 所示。

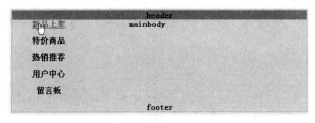

图 6.6　垂直下拉菜单设计

结构代码如下：

```
<div id="leftsidebar">
  <ul class="navbar">
    <li><a href="#">新品上架</a></li>
    <li><a href="#">特价商品</a></li>
    <li><a href="#">热销推荐</a></li>
    <li><a href="#">用户中心</a></li>
    <li><a href="#">留言板</a></li>
  </ul>
</div>
```

对应 CSS 样式代码如下：

```
.navbar {
  margin:0px;
  padding:0px;
  list-style-type:none;/*列表项无标记*/
}
.navbar li{
  margin-bottom:15px;/*列表项间距*/
  padding-left:0px;
}
/*垂直菜单动态超链接效果*/
.navbar li a:link, a:visited {
  text-decoration:none;
  color:#000000;
}
.navbar li a:hover,a:active {
  text-decoration:underline;
  color:#FF0000;
}
```

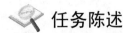
小提示：

通过设置表样式属性 list-style-type: none, 从而取消列表项默认标记符号。

任务 6.2　详解 CSS 定位与 DIV 布局

任务陈述

任务构思与目标： 分三栏的页面布局(pagebody 左中右版式设计)将页面分隔为左、中、右三栏排版典型页面布局模式，如图 6.7 所示。

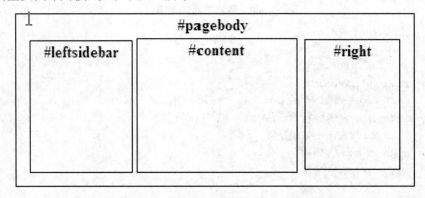

图 6.7　左中右版式

任务设计： 分别使用 CSS 定位技术：页面定位属性 position、浮动属性 float 定位完成常见页面版式布局：左中右三栏排版。

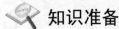
知识准备

6.2.1　元素定位基础知识

Web 标准布局本质是通过页面分块标记 DIV 进行页面区域的划分，再通过 CSS 相关属性进行分块的定位及相关显示样式控制。

【例 6-4】DIV 标记设计页面分块布局，如图 6.8 所示。

```
<html>
<head>
<title>"DIV+CSS"技术综合案例</title>
</head>
<body>
<!--页面容器-->
<div id="container">
<!--页面头部：banner 图片-->
<div id="banner">...</div>
<!--左侧导航条-->
<div id="leftbar">...</div>
```

```
<!--右侧内容区-->
<div id="text">...</div>
<div id="footer">...</div><!--页面容器结束--></div>
</div>
</body>
</html>
```

图 6.8　页面分块布局

页面元素通常分为两类：块元素和内联元素。元素的定位方式通常有两种：采用浮动的定位方式和使用定位属性，在制作页面时也会混合使用这两种方式。

6.2.2　块元素和内联元素

块元素和内联元素是两个重要的概念，在页面布局中经常用到。

1. 定义

1) 块元素

块元素用它们包含的元素水平方向占据整行宽度，随后的元素被挤到下一行中。段落元素 p、列表元素、table、div 和标题类元素都是块元素。

布局特点：每个块元素都是从新的一行开始，一般可以包含其他的块元素和内联元素。

2) 内联元素

内联元素是指 span、a 等这样的元素，是行内对象，span 元素类似于段落 p，其单位可以理解为比 p 计量单位小，可以被包含在<div>中。在布局上内联元素不换行，它们包含的元素会水平排列，并和它们邻近的元素排在同一行中。

【例 6-5】块元素与内联元素的区别。

```
#style1{
   color:red;
   }
  #content{
  font:1.2em arial;
 width:400px;
  /*打上边框  border:<边框宽度> <边框样式> <边框颜色>*/
  border:2px solid #FF00CC ;
  }
<div id="content">
  <span id="style1">世界是平的</span>这是比尔•盖茨推荐了多次的一本书，他说：这是所有
决策者和企业员工的一本必读书。此书为面市一年即销售近百万册并多次重印的《世界是平的》2.0 版的姊
妹篇，必将掀起第二次畅销热潮！
  </div>
```

页面运行效果如图 6.9 所示。

世界是平的这是比尔·盖茨推荐了多次的一本
书，他说：这是所有决策者和企业员工的一本必
读书。此书为面市一年即销售近百万册并多次重
印的《世界是平的》2.0版的姊妹篇，必将掀起
第二次畅销热潮！

图 6.9　span 元素与 div 元素的区别

小提示：

通常情况下，页面中大的区块使用<div>标记，<span>标记仅用于需要单独设置样式风格的小元素，例如一个单词、一幅图片等。

2. 块元素、内联元素的布局

1) 块元素的默认排列

块元素(例如 div 元素)在没有任何布局属性作用时，默认排列方式是换行排列。

【例 6-6】块元素默认分行布局，源代码如下：

```
.div1{ /*定义相关样式用来显示块元素*/
     width:200px;
     height:30px;
     background-color:#666666;
     color:#00ff00;
     }
.div2{ /*定义相关样式用来区分两个块元素*/
     width:100px;
     height:30px;
     background-color:#000000;
     color:#ffffff;}
<div class="div1">第一个块元素</div>
<div class="div2">第二个块元素</div>
```

该样式应用于网页的效果如图 6.10 所示。

图 6.10　块元素默认分行布局

【程序分析】从图 6.10 中可以看出，块元素在没有设置任何布局属性时，总是另起一行，并且以左侧对齐的方式显示。

在 CSS 中可以给块元素加上浮动等属性，从而控制块元素新的显示位置，而不是总是从新的一行开始，在后边复杂网页页面版式布局设计中会反复用到这一思想。

【例 6-7】使用 float 属性改变块元素的默认布局，实现图 6.11 所示的效果。

第二个层:漂亮的包包店铺开张了

图 6.11　float 属性改变块元素的布局

代码如下:

```
<html>
<head>
<title>左右并列两个层的使用</title>
<style type="text/css">
 .div1{
  width:300px;
  /*浮动层*/
  float:left;
  height:116px;
  border:solid 2px #ff0000;/*边界*/
   }
.div2
  { /*浮动层*/
  float:left;
  width:504px;
  height:116px;
  border:solid 2px #00ff00;/*边界*/
  margin-left:20px; /*相对于div1层的左侧距离,若不设置此属性,则两个层紧邻*/
 }
</style>
</head>
<body>
<div class="div1">
    <img src="img/4.1.jpg"width="300px" height="116px"/>
   </div>
<div class="div2">
    第二个层:漂亮的包包店铺开张了</div>
   </div>
</body>
</html>
```

2) 内联元素的默认排列

内联元素 span 不必在新的一行开始,同时,也不强迫其他的元素在新的一行显示。内联元素可以做其他元素的子元素。在 CSS 中给内联元素加上 display:block 属性,则内联元素就具有了块元素的特性。

内联元素(如 span 元素)在没有任何布局属性作用时,默认排列方式是在同行排列,直到宽度超出包含它的容器宽度时才自动换行。

【例6-8】内联元素默认布局的源代码如下：

```
<head>
<style type="text/css">
/*使用背景和前景颜色区分两个内联元素*/
.span1{
  background-color:#999999;
  color:#000000;
  font-size:14px;}
.span2{
  background-color:#000000;
  color:#ffffff;
  font-size:14px;}
</style>
</head>
<body>
 <span class="span1">第一个内联元素</span>
 <span class="span2">第二个内联元素</span>
</body>
```

该样式应用于网页的效果如图 6.12 所示。

第一个内联元素　第二个内联元素

图 6.12　内联元素的默认定位

6.2.3　CSS 框模型

CSS 标准布局的本质之一是首先进行页面框架区域的划分，页面的内容则是放在这一个个框架区域(也可以理解成一个个盒子)中，再通过 CSS 属性进行区域的定位、元素的样式定义，因此，盒子模型是 CSS 控制页面时一个非常重要的概念。实现网页中块级元素的精确定位需要很好地掌握盒子模型的相关知识。

1. 盒子模型的基本概念

所有页面中的元素都可以看成是一个盒子，占据着一定的页面空间，一个页面由很多这样的盒子组成，这些盒子之间会互相影响，因此掌握盒模型需要从两个方面来理解：一是理解一个孤立的盒子的内部结构，二是理解多个盒子之间的相互关系。

标准 W3C 盒子模型的范围包括 padding、content、border、margin，如图 6.13 所示。其中，content 部分仅是内容部分，不包含其他部分。IE 盒子模型的范围也包括 margin、border、padding、content，和标准 W3C 盒子模型不同的是，IE 盒子模型的 content 部分包含了 border 和 padding。

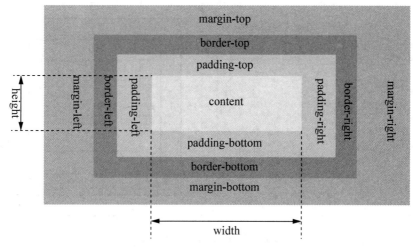

图 6.13　W3C 盒子模型

【例 6-9】计算 W3C 盒子模型的宽度和高度。

```
<!--有"!DOCTYPE"指令,任何浏览器会解析盒子模型为 W3C 盒子模型-->
<!DOCTYPE html PUBLIC "-//W3C//DTD XHTML 1.0 Transitional//EN" "http://www.
w3.org/TR/xhtml1/DTD/xhtml1-transitional.dtd">
<html xmlns="http://www.w3.org/1999/xhtml">
<head>
<meta http-equiv="Content-Type" content="text/html; charset=gb2312" />
<title>盒子模型的尺寸计算</title>
 <style>
   #test{
   width:300px;
   height:200px;
   padding:10px; /*填充组合属性：上右下左都是 10px*/
   border:1px solid #A0A0A4;/*边框组合属性：边框宽度 样式 边框颜色*/
   margin:15px; /*边框组合属性：上右下左都是 10px*/
   }
 </style>
</head>
<body>
   <div id="test">盒子模型</div>
</body>
</html>
```

【程序分析】W3C 盒子模型中 width 仅包含内容本身，不包含 pading、border。以上元素的总共盒子尺寸 Total width=15+1+10+300+10+1+15=352px；Total height = 15 + 1 + 10 + 200 + 10 + 1 + 15 = 252px，如图 6.14 所示。

为了使这个元素适应这个页面，至少需要一个 352px 宽度和 252px 高度的区域。如果可用的区域小于这个要求，这个元素会错位，或者溢出它的包含块。

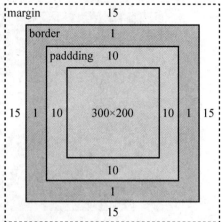

图 6.14　W3C 盒子模型尺寸计算

 知识延伸:

盒子模型分 W3C 盒子模型、IE 盒子模型, 和标准 W3C 盒子模型不同的是: IE 盒子模型的 content 部分包含了 border 和 padding。W3C 盒子模型在 IE、Firefox 等各个浏览器中保持了良好的兼容性, 显示效果相同, 在应用中推荐使用 W3C 盒子模型。

2. 空距 padding 属性

padding 填充属性又称为内边距, 主要用来控制元素内容 content 与边框 border 之间的距离, 填充属性(padding)的功能如图 6.15 所示, 各分属性见表 6-9。

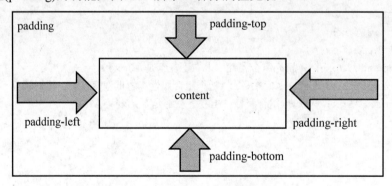

图 6.15　填充属性(padding)的功能

表 6-9　padding 属性

属　　性	描　　述
padding-top	上边距
padding-bottom	下边距
padding-left	左边距
padding-right	右边距

【例 6-10】padding 属性的使用源代码如下:

```
<html>
<head>
<title>padding 属性的使用</title>
<style>
 #style1
  {color:red;
    }
  #content
   {font:1.2em arial;
    width:400px;
    /*打上边框 border:边框宽度　边框样式　边框颜色*/
    border:2px solid #FF00CC;
    /*内容与 border 上空距 50px*/
    padding-top:50px;
    /*内容与 borde 下空距 50px*/
    padding-bottom:50px;
    /*内容与左空距 0px*/
    padding-left:0px;
    /*内容与右空距 0px*/
    padding-right:0px;
    }
</style>
</head>
<body>
  <div id="content">
    <span id="style1">世界是平的</span>这是比尔·盖茨推荐了多次的一本书,他说:这是所
有决策者和企业员工的一本必读书.此书为面市一年即销售近百万册并多次重印的《世界是平的》2.0 版的姊
妹篇,必将掀起第二次畅销热潮!
  </div>
</body>
</html>
```

页面运行效果如图 6.16 所示。

图 6.16　padding 属性的应用

【程序分析】定义上下空距 padding-top: 15px; padding-bottom: 50px 之后, 内容 content 与边框 border 上、下之间有 50px 的距离。

为简化、优化 CSS 代码,可以将填充各分属性 padding-top、padding-right、padding-bottom、padding-left 组合到一起使用 padding 组合属性:

```
padding: padding-top  padding-right padding-bottom padding-left
```

因此，例 6-10 代码可以简化成以下代码：

```
#content{
    font:1.2em arial;
    width:400px;
    /*打上边框   border:边框宽度   边框样式   边框颜色*/
    border:2px solid  #FF00CC;
    padding:15px 0px 15px 0px; /*框模型空距按顺时针方向，依次为上、右、下、左*/}
```

小提示：

为方便记忆，各个分属性依次按顺时针方向设置填充上边距、右边距、下边距、左边距，即：padding: padding-top、padding-right、padding-bottom、padding-left。

3. 边距 margin 属性

margin 属性又称为外边距，用于控制元素与元素之间的距离。padding 属性值不能为负值，而 margin 属性可以为负值，从而实现对内容的叠加，边距属性(margin)的功能如图 6.17 所示。

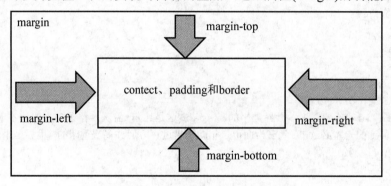

图 6.17　边距属性(margin)的功能

与 padding 属性相似，margin 属性也有 4 个分属性 margin-top、margin-right、margin-bottom、margin-left；可以分别进行设置，也可组合一条语句，依次按顺时针方向进行定义，即 margin: margin-top、margin-right、margin-bottom、margin-left。

【例 6-11】margin 属性控制两个元素的定位。

```
<html>
<head>
<title>margin 的简单应用</title>
  <style>
    .div1
    { border:1px solid black;
    }
    .par2
    { background:#cccccc;
```

```
            margin:50px 100px 150px;/*margin 组合属性的应用*/}
    </style>
</head>
<body>
 <div class="div1">
   <p class="par2">
       设置三个边距宽度,第一个作用于顶端边距,第二个作用于左右边距,第三个作用于底端边距
   </p>
 </div>
</body>
</html>
```

从图 6.18 可以看出,margin 属性用于控制元素 div、p 在周围 4 个方向上的距离。设计复杂的页面时,经常需要结合使用 margin 属性与 float 属性来实现页面的版式布局。

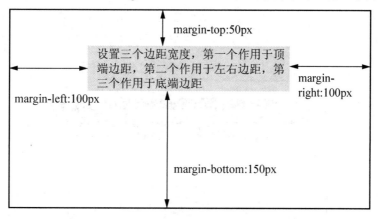

图 6.18　margin 元素控制两个元素的相对位置

 小提示:

padding 属性值不能为负值,而 margin 属性可以为负值,以实现对内容的叠加。

4. 边界 border 属性

border 边框属性用来设置边框的外观。各分属性见表 6-10。

表 6-10　border 分属性

属　　性	描　　述	说　　明
border-width	边框的宽度	可以设置为 thin、medium、thick 和具体数值,如 5px;默认值为 medium,浏览器解析为 2px 宽
border-style	边框样式	分属性:border-top-style、border-bottom-style、border-left-style、border-right-style,可以设置为 none、hidden、dotted、solid 等值
border-color	边框颜色	颜色关键字/RGB 值
border	边框组合属性	Border:border-width、border-style、border-color 分属性 border-left、border-top、border-bottom、border-right

同样，可以采用组合属性来定义边框。

```
border:3px dotted red; /*边框粗细 边框样式 边框颜色*/
```

【例6-12】页面整体居中布局，效果如图6.19所示。

```
body {
  font-size:12px;  /*页面字体大小*/
  }
 #container {
  width:800px;
  margin:0px auto;  /*主体内容居中*/
  height:900px;
  border:thin  solid  #FF0000;/*组合属性:粗细 样式 颜色;设置页面4条外边框*/
}
<body>
  <div id="container">
      页面主体
  </div>
</body>
```

图 6.19　页面整体居中布局

【例6-13】给某段文字加上分隔线，如图6.20所示。

图 6.20　给文字加分隔线

```
#xinwen{
    width:420px;
    height:30px;
    font-size:14px;
    font-weight:bold;
    border-bottom:solid 1px #6666CC;/*只有下边框*/
}
```

```
<div id="xinwen">
   <img src="image/1.jpg">  学 院 新 闻  
    <a href="#">更多<<</a>
   </div>
```

小提示：

border-style 属性不被 IE 浏览器支持，应尽量避免使用。

6.2.4　进一步讨论页面布局——CSS 定位

了解了基本框架模型后，接下来进一步深入讨论 CSS 定位技术。

1. 页面定位属性

页面内容定位属性 position 有静态定位、相对定位、绝对定位、固定定位 4 种方式。

1) 静态定位

默认情况下，position 定位属性便是 static：静态定位。语法是：

```
position:static;
```

由于是默认属性，所以在代码中通常省略不写。

【例 6-14】默认情况下的静态定位代码如下。

```
1. <html xmlns="http://www.w3.org/1999/xhtml">
2. <head>
3. <title>position:static 静态定位</title>
4. <style type="text/css">
5. body{
6. font-size:16px;
7. text-align:center; /*文本居中对齐*/
8. }
9. #block1{
10. background-color: gray;
11. padding:1em;/*空距为 1em*/
12. }
13. #block2{
14. position:static; /*默认情况可以省略*/
15. left:20px; /*定义层距离窗口左边 20px*/
16. top:20px; /*定义层距离窗口顶部 20px*/
17. background-color:green;
18. padding:1em;
19. }
20. #block3{
21. background-color:red;
22. padding:1em;
23. }
24. </style>
25. </head>
```

```
26.  <body>
27.  <div id="block1">区域一</div>
28.  <div id="block2">区域二</div>
29.  <div id="block3">区域三</div>
30.  </body>
31.  </html>
```

【程序分析】尽管只有#block2 块显式声明为静态定位模式，实际上#block1、#block3 块也采用默认的静态定位方式，因此 3 个块区域从上至下，无缝地结合在一起。页面运行效果如图 6.21 所示。

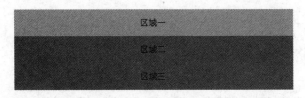

图 6.21　静态定位模式

 小提示：

在静态定位方式下，left、top 属性都不起作用。

2) 相对定位

相对定位的基本语法是：

```
position:relative;
```

如果把例 6-14 中#block2 块的 position 属性改成 relative，表示相对定位，那么它相对的参照物就是 static 静态属性下的位置，可以通过 top、right、bottom 和 left 属性来控制位移。若代码 14～16 行改写为：

```
 #block2{
position:relative;
left:20px; /*定义层距离窗口左边 20px*/
top:20px;
```

其运行效果如图 6.22 所示。

图 6.22　相对定位模式

可以看出，区域二偏离了其原先的初始位置(居左 20px、居上 20px)，初始位置会留下空白占位。

3) 绝对定位

绝对定位 absolute 是使用较多的属性之一，与相对定位 relative 相比较，若某个对象设置为绝对定位，则这个对象将独立于其他页面的内容，而初始位置的空白会被其他内容自然填补。

此外，绝对定位的框并非是相对于初始位置发生位移，实际上，它相对于上一级的框的初始位置发生位移。

若把程序 6-14 中的 14～16 行改写为：

```
position:absolute;
left:20px; /*定义层距离窗口左边 20px*/
top:20px; /*定义层距离窗口顶部 20px*/
```

结果将如图 6.23 所示，可以看到，区域二独立于其他页面内容被分离了出来，由于它的父框是页面本身，因此，它的位移是相对于浏览器窗口向右偏移 20px、向下偏移 20px。而区域一和区域三结合在一起，就像区域二不存在一样。

图 6.23　绝对定位

在网页设计中经常可以看到这样类似的效果：不管页面大小如何调整，"页头、页脚"始终保持在页面的顶部和底部，如图 6.24 所示的人人网页面效果。

图 6.24　人人网"页头、页脚"采用绝对定位模式

下面使用绝对定位技术尝试做个案例实现相似的效果。

【例 6-15】使用绝对定位方式实现"页头、页脚"定位。

```
<html>
<head>
<title>position 属性_绝对定位</title>
</head>
  <body style="font:18px; font-weight:bold;">
    <div style="position:relative;top:20px;">
```

```
        页面主体内容
    </div>
    <!--页头绝对定位-->
    <div style="border: 1px solid yellow; width:100%;background-color:Yellow;
position:absolute;top:0px;left:2px; height:20px;"> top 顶端
    </div>
    <!--页脚绝对定位-->
    <div style="border: 1px solid red; width:100%;background-color:red; position:
absolute;bottom:0px;right:0px;">bottom 底端
    </div>
    </body>
```

【程序分析】页头、页脚层采用绝对定位(position:absolute)，独立于其他页面内容被分离出来，配合位置属性(left、top、right、bottom)，使得不管页面如何调整大小，页头始终保持在父框即页面本身最顶端位置，页脚始终保持在页面最底端位置。另一个内容层则采用相对定位(position:relative)，距离页面顶端 20px 距离，程序运行效果如图 6.25 所示。

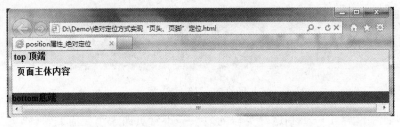

图 6.25　使用绝对定位实现的页头、页脚

2. 使用浮动属性定位——浮动层

浮动(float)属性定义了元素是否浮动和浮动的方式。定义了浮动属性的元素会相对于原来的位置在一个新的层次上出现，同时对文档其他部分内容造成影响。语法如下：

```
float: left;
```

该属性 3 个取值的具体含义如下所述。

(1) none：元素不浮动。

(2) left：元素浮动在左侧。

(3) right：元素浮动在右侧。

1) float 属性

使 div 块级元素左右并排布局。

【例 6-16】float 属性使 div 块级元素左右并排布局。

```
.div1{
float:left; /*第一个元素使用了向左浮动背景为浅灰色*/
width:200px;
height:80px;
background-color:#999999;
color:#00ff00;/*字体颜色*/}
.div2{
float:left; /*第二个元素使用了向左浮动背景为黑色*/
width:100px;
```

```
height:80px;
background-color:#000000;
color:#ffffff;}
<div class="div1">第一个块元素</div>
<div class="div2">第二个块元素</div>
```

页面运行效果如图 6.26 所示。

图 6.26　float 使得 div 块元素并排布局

 小提示：

相邻的多个浮动元素会按照出现的顺序和各自的属性值排列在同一行，直到宽度超出包含它的容器宽度时才换行显示。

2) clear 属性

看起来悬浮在浏览器窗口或另一个元素的左侧或右侧的元素通常是用 float 属性来设置的，称为悬浮元素，其他内容将环绕在悬浮元素周围，若要停止这种环绕，应使用 clear 属性。clear 属性取值见表 6-11。如以下代码。

```
#logo{float:left;  /*左浮动层*/}
#right{float:right;  /*右浮动层*/}
#footer{clear:both  /*独立层，页脚版权区*/}
```

表 6-11　clear 属性取值及说明

属性的取值	说　　明
left	在左侧不允许浮动元素
right	在右侧不允许浮动元素
both	左右两侧均不允许浮动元素
none	默认值，允许浮动元素出现在两侧

 任务实施

6.2.5　float 定位

(1) 将 3 个块#leftsideBar、#content、#right 的 float 属性设置为 left，成为浮动层，其位置相对于父层#pagebody。3 个块的宽度累加和小于等于#pagebody 的宽度。float 属性与 width 属性的结合使用保证 3 个块在水平方向上呈现左中右排版版式，如图 6.27 所示。

(2) 块#leftsidebar、#content、#right 的 margin 为：0px 0px 0px 0px，说明 3 个层在垂直方向上在同一高度上。

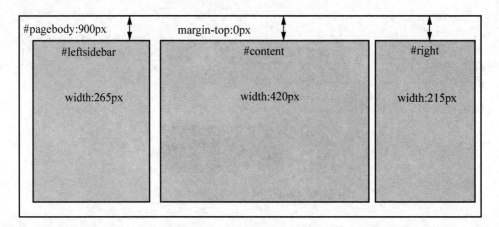

图 6.27　尺寸控制左中右分块

CSS 样式代码如下：

```
/*页面整体布局*/
 body{
    font-size: 36px; /*页面基本信息*/
    font-weight: bold;
    text-align:center; /*页面文本居中*/
    }
#pagebody /*页面主体*/
{
 width:900px;
 background-color:#AADF55;
 margin:0px auto; /*居中*/
}
#leftsidebar /*侧边栏*/
{ float:left; /*浮动层*/
  background-color:#7FDFAA;
  width:265px;
}
#content /*主体内容*/
{ float:left;
  width:420px;
  background-color:#AADF55;
  }
 #right /*右侧栏*/
{float:left; /*浮动层*/
  background-color:#7F1FFF;
  width:215px;
}
```

6.2.6　position 定位

采用 position 定位方式进行左中右 3 栏排版的基本思路是：父层采用相对定位，左中右 3
栏是子层，采用相对于父层的绝对定位方式。

```
#pagebody { /*父层*/
  position:relative; /*父层采用相对定位*/
  left:0px;
  top:0px;
  }
#leftsidebar{ /*侧边栏*/
  background-color:#7FDFAA;
  width:265px;
  position:absolute; /*绝对定位*/
  top:0px;
  left:0px;
  }
#content { /*主体内容*/
  background-color:#AADF55;
  position:absolute; /*绝对定位*/
  left:300px;
  top:0px;
  width:420px;
  }
#right { /*右侧栏*/
  background-color:#7F1FFF;
  position:absolute; /*绝对定位*/
  left:685px;
  top:0px;
  width:215px;
  }
```

【程序分析】不论使用 float 属性定位，还是使用 position 属性定位，在页面总宽度 (#pagebody 指定)固定、各分块宽度固定的情况下，使用浏览器查看页面时，其大小固定，并且通过定义(#container {margin: 0px auto; /*左右方向居中*/})，页面始终居中显示，页面效果如图 6.28 所示。

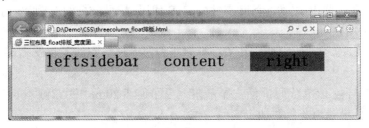

图 6.28　页面宽度固定的 3 栏排版

小　　结

本章按照功能分类详细介绍 CSS 属性，重点讲述并用实例演示了 CSS 框模型、CSS 定位、浮动元素，分别使用 float 定位、position 定位总结了典型的三栏页面布局方法。

知识延伸：

可以通过以下学习资源深入学习 CSS 布局技术及其他内容。

(1) 蓝色理想——网站设计与开发人员之家：http://www.blueidea.com/。

(2) http://www.cssdrive.com/。

(3) http://glish.com/css/。

(4) 大量的 CSS 页面布局和教程链接：http://websitetips.com/。

重 要 术 语

块元素	内联元素	CSS 框模型
相对定位	绝对定位	浮动层 float
静态定位	固定定位	空距 padding
边距 margin		

自 我 测 试

一、填空题

1. 框模型从外向内的组成部分是_____。

2. 如果一个元素被设置成 float：right，那么页面上的其他元素则会出现在它的_____
_____。

二、上机实践

1. 按照以下属性要求编写一个 CSS 代码：浅蓝色背景、Arial 或 sans-serif 字体、深蓝色文本、10px 填充和深蓝色窄虚线边框。

2. 按照以下属性要求编写一个 id 属性的 CSS 代码：悬浮于页面左侧、浅褐色背景、Verdana 大号字体和 20px 填充。

3. 编写一个 CSS 类代码，使它在大字标题下方显示一条点线，为文本和点线选择一种自己喜欢的颜色。

4. 编写一个 id 的 CSS 代码，使它显示在距页面顶部 20px、距右侧 40px 的绝对位置上，并将它的背景颜色设置为灰色并加上实线边框。

5. 设计一个分两栏的页面布局，使它的导航栏出现在右侧。

6. 填充下边的代码，要求：创建一名为"myfont"的自定义样式，这个样式方案为：字体黑体、大小 10pt、颜色黑色，并将其应用到网页中的段落 1、段落 2 文本中。

```
<html xmlns="http://www.w3.org/1999/xhtml">
<head>
<!--试定义样式myfont-->
  <style type="text/css">
```

```
    {_____
    _____
    _____}
    </style>
<title>无标题文档</title>
</head>
<body>
    <!--段落 1、2 应用样式：myfont-->
    <p                          > 这是段落 1 </p>
    <p                           >这是段落 2 </p>
</body>
</html>
```

第 7 章 可视化编辑页面工具——Dreamweaver 的使用

 学习目标

知识目标	技能目标
(1) 了解 Dreamweaver CS4 的主要功能、界面模式 (2) 掌握表格基础知识 (3) 掌握编辑表格布局 (4) 掌握插入图片、背景图片的方法 (5) 掌握插入导航栏、鼠标经过图像的方法 (6) 掌握创建热点链接的方法 (7) 掌握插入文本及文本样式的设置	(1) 能熟练操作 Dreamweaver CS4 界面 (2) 能熟练使用表格完成页面布局 (3) 能熟练使用 Dreamweaver 插入图片元素 (4) 能熟练使用 Dreamweaver 进行文字的编排及 CSS 样式设计

 章节导读

　　Dreamweaver CS4 是一种可视化的网页设计制作与管理软件，它不但在以往版本的基础上新增了许多实用功能，而且还使界面更加简洁。本章将学习 Dreamweaver CS4 的基本知识，同时详细讲解表格布局、网页图片操作、文本操作。

任务 7.1 了解可视化编辑页面工具——Dreamweaver

 任务陈述

　　任务构思与目标：了解 Dreamweaver 可视化网页编辑工具的发展背景知识，熟悉 Dreamweaver 界面 IDE(Integrated Development Environment)，为操作打下基础。

　　任务设计：图例分类讲解 Dreamweaver 界面环境。

任务实施

Dreamweaver 是美国 Macromedia 公司开发的集网页制作和管理网站于一体的所见即所得的网页编辑器，支持可视化网页设计，具有功能强大、界面简洁、简单实用等特点，利用它可以提高页面的制作效率。

在初始界面中，单击【新建】选项区域中所列常用 Web 文档中的任意一种，便可以进入到 Dreamweaver CS4 的操作界面，如图 7.1 所示，同时建立相应的文档，并进行编辑。

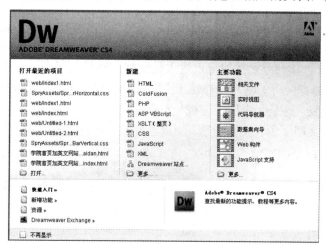

图 7.1　Dreamweaver CS4 的欢迎界面

Dreamweaver CS4 的工作界面主要由菜单栏、文档工具栏、标签选择器、编辑窗口、状态栏、【属性】面板和各种面板组构成，如图 7.2 所示。

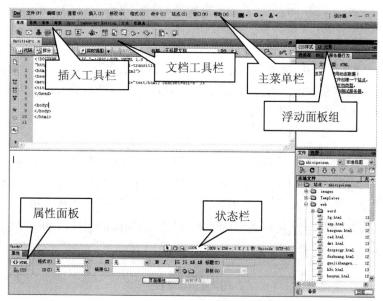

图 7.2　Dreamweaver CS4 的工作界面

1. 主菜单栏

主要包括文件、编辑、查看、插入、修改、格式、命令、站点、窗口、帮助等菜单，此外，主菜单的右侧还增加了布局、扩展、站点和设计器 4 个图标按钮，如图 7.3 所示。

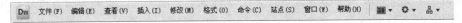

图 7.3　主菜单栏

2. 文档工具栏

包括代码视图、拆分视图、设计视图、实时视图、实时代码按钮，单击它们可以使用户在文档的不同视图间快速切换。单击 代码 按钮可以进入代码视图，这是一个用于编写和编辑代码的手工编码环境。单击 拆分 按钮可以进入代码视图与设计视图，在该视图中，窗口被分成上、下两部分，顶部窗口用于编写 HTML 代码，底部窗口用于可视化编辑网页。单击 设计 按钮可以进入设计视图，这是一个用于可视化页面布局、可视化编辑和快速应用程序开发的设计环境。此外还包括文档标题、文件管理、浏览器预览、可视化选项等在本地和远程站点间传输文档的常用选项和命令，如图 7.4 所示。

图 7.4　文档工具栏

3. 插入工具栏

Dreamweaver CS4 的插入工具栏中包含了 8 个标签，分别为常用、布局、表单、数据、Spry、InContext Editing、文本、收藏夹，如图 7.5 所示。

图 7.5　插入工具栏

单击插入工具栏中的不同标签可以进行切换，每一个标签中包括了若干的插入对象按钮。单击插入工具栏中的对象按钮或者将按钮拖曳到编辑窗口内，即可将相应的对象添加到网页文件中，并可在网页中编辑添加的对象。

4. 状态栏

在 Dreamweaver CS4 状态栏中可以显示当前光标所在位置的 HTML 标记，当前网页的编辑窗口大小、当前网页文件的大小与网页的传输速度及视图控制工具，其中选取工具用于选择页面中的操作对象，手形工具 用于平移视图，缩放工具 用于放大或缩小视图显示，而设置缩放比率选项框 100% 可以通过确切的数值控制视图的缩放，如图 7.6 所示。

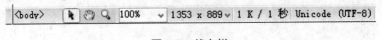

图 7.6　状态栏

5.【属性】面板

【属性】面板用于显示或修改当前所选对象的属性。在页面中选择不同的对象时，【属性】面板中将显示出不同对象的属性。图 7.7 所示为表格的属性面板。

图 7.7 属性面板

 知识延伸：

在【属性】面板的右下角单击三角形的切换按钮，可以将【属性】面板切换为常用属性或全部属性模式。

6. 面板组

面板组是指组合在一起的面板集合。用户可以根据自己的需要选择打开相应的浮动面板。主要包括"文件"面板组、"插入"面板、"CSS 样式"面板、"AP 元素"面板、"标签检查器"面板等，如图7.8 所示。

图 7.8 面板组

任务 7.2 Dreamweaver 表格布局

 任务陈述

任务构思与目标：使用表格布局网页，网页效果如图 7.9 所示。

图 7.9 综合网页效果图

任务设计：新建静态页面，使用 Dreamweaver 表格及表格相关属性设计页面整体布局。

 知识准备

表格是网页制作的一个重要组成部分，可以实现网页的精确排版和定位，是控制页面整体布局的重要工具。在 Dreamweaver 中使用表格排版是表格最常见的用途。

7.2.1 表格基础知识

在正式开始制作表格之前，首先需要了解表格(table)的专用名称。一张表格横向叫做行(row)，纵向叫做列(column)，行列交叉部分就叫做单元格(cell)。单元格的内容和边框之间的距离叫做单元格空距(cell pad)。单元格和单元格之间的距离叫做单元格间距(cell space)，整张表格凸起的边缘叫做边框(border)，如图 7.10 所示。

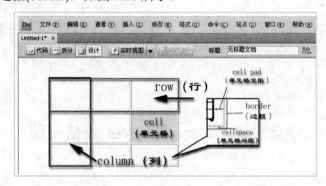

图 7.10 表格结构名称

7.2.2 表格属性

设置表格属性是表格操作中的一项重要内容，如表格的对齐方式、背景颜色、背景图形、表格宽度和高度等。设置表格属性是对表格实现准确定位和排版的主要方法之一。

要设置表格属性，首先单击表格边框选中已经插入的表格，属性面板中主要参数含义如图 7.11 所示。

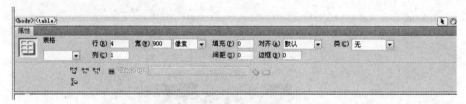

图 7.11 表格的【属性】面板

填充：单元格内容和单元格边框之间的像素数。

间距：相邻单元格之间的像素数。

对齐：表格相对于网页的对齐方式。有默认、左对齐、居中对齐、右对齐等选项。

边框：表格的边框宽度。

：清除表格中已设置的列宽。

：清除表格中已设置的行高。

上面介绍了表格的【属性】面板，再来看一下单元格的属性面板。将鼠标置于任意单元格中，其属性面板如图 7.12 所示。在单元格属性面板中包含了两部分内容，上半部分用于设置单元格中文本的属性，类似于文本属性检查器，下半部分用于设置单元格的属性，上半部分将在插入文本一节中详细讲解。现在着重讲解单元格属性面板中主要参数的含义。

图 7.12　单元格的属性面板

：将一个单元格拆分为多个单元格。

：将多个连续的单元格合并成一个单元格。

任务实施

7.2.3　制作网页整体布局

要制作图 7.9 所示的网页，主要包括编辑表格、设置表格属性、插入图片、插入文本、CSS 美化等步骤。首先根据网页的内容，分析它的结构布局，如图 7.13 所示。

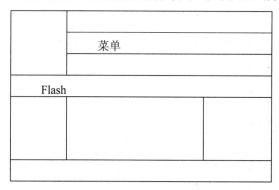

图 7.13　网页整体布局结构图

(1) 在 PS 或其他设计软件中构思网页，按照规划将图片切片并保存。

(2) 新建站点，并将制作网页所需切片文件夹"image"放在站点文件夹下。

(3) 新建基本页。在 Dreamweaver CS4 中创建一基本页，在菜单栏上选择【文件】|【保存】命令，将文件保存在站点文件夹下。

(4) 插入表格。在【插入】工具栏的【常用】选项中单击 按钮。系统弹出【表格】对话框。如图 7.14 所示，插入 4 行 1 列的，宽度为 900px 的表格。在属性面板中设置表格【填充】、【间距】文本框均为 0，单击【确定】按钮，在 Dreamweaver 中生成新表格，如图 7.15 所示。

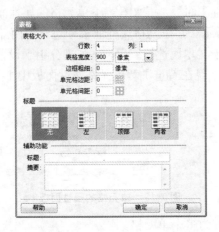

图 7.14 【表格】对话框

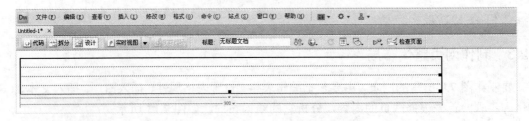

图 7.15 生成表格效果

(5) 设置表格属性。将光标置于表格内任意位置，打开编辑窗口左下角的标签选择器上的 <table>选项卡，选中整个表格，在【属性】面板中设定其对齐方式为【居中对齐】，如图 7.16 所示。

图 7.16 表格的属性面板

在页面的空白处单击鼠标，属性面板显示为 body 的【属性】面板，如图 7.17 所示。

图 7.17 body 的【属性】面板

单击属性面板中的【页面属性】按钮，弹出【页面属性】对话框，设置其【上边距】为 0。此选项可使表格在浏览器中显示时与页面的上边没有空隙，如图 7.18 所示。

图 7.18　【页面属性】对话框

（6）插入嵌套表格。在第 1 行插入 3 行 2 列的嵌套表格，单击属性面板中的 □ 按钮，将嵌套表格的第 1 列的 3 个单元格合并为 1 个单元格，在属性面板中设置合并后单元格宽度为 261px。完成后效果如图 7.19 所示。

图 7.19　插入表格效果图

（7）插入嵌套表格。在表格的第 3 行中插入一个宽度为 900px 的 1 行 3 列的嵌套表格，将第 1 列的宽度设置 275px，第 2 列的宽度设置为 420px。分别将 3 个单元格的水平对齐方式设为【居中对齐】，垂直对齐方式设为【顶端对齐】。完成后效果如图 7.20 所示。

图 7.20　插入嵌套表格效果图

（8）插入嵌套表格。在步骤(7)嵌套表格的第 1 列中插入一个宽度为 247px 的 8 行 1 列的嵌套表格，在步骤(7)的嵌套表格的第 2 列中插入一个宽度为 420px 的 7 行 1 列的嵌套表格，在步骤(7)的嵌套表格的第 3 列中插入宽度为 147px 的 10 行 1 列的表格。至此表格布局基本完成，效果如图 7.21 所示。

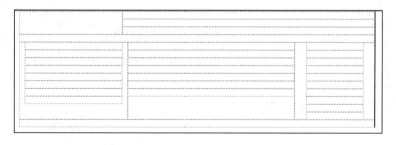

图 7.21　完成网页整体布局图后的效果

巩固与拓展

7.2.4 制作下拉式导航菜单栏

完成网页的整体布局的设置后，下面开始制作下拉式菜单栏。

(1) 插入图片。继续使用上一小节制作的"index1.html"，用插入图像的方法在第 1 个单元格中插入"素材/第 7 章/image/1_r1_c1.jpg"，如图 7.22 所示。

图 7.22　插入图片后效果

(2) 插入 Spry 菜单栏。将光标置于图片右侧第 2 行中，单击【插入】面板上的 Spry 选项卡中的【Spry 菜单栏】按钮 ，弹出【Spry 菜单栏】对话框，如图 7.23 所示，在对话框中选择【水平】单选按钮。单击【确定】按钮，在文档中插入 Spry 菜单栏，如图 7.24 所示。

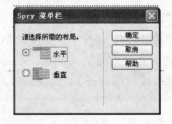

图 7.23　【Spry 菜单栏】对话框

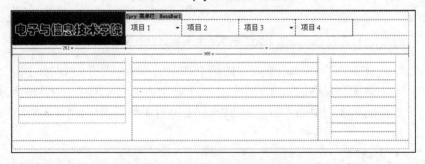

图 7.24　插入 Spry 菜单栏后效果

(3) 创建 SpryAssets 文件夹。按 Ctrl+s 键保存文件，此时自动弹出【复制相关文件】对话框，单击【确定】按钮后，系统会自动在根目录下创建一个名为 SpryAssets 文件夹，用于存放脚本文件、CSS 样式表和一些小图标，如图 7.25 所示。

图 7.25　SpryAssets 文件夹内容

小提示：

当使用 Spry 效果时，系统会在代码视图中添加不同的代码行，并保存到网页文件中，其中有一行代码用来标识 SpryEffects.js 文件，该文件是包括这些效果所必需的，一旦从代码中删除该行，则这些效果将不起作用。

（4）设置链接文本。在打开的 CSS 样式面板中，打开 SpryMenuBarHorizontal.css 选项的全部内容。选中 ul.MenuBarHorizontal a 选项，该选项将影响链接(或<a>元素)的颜色和背景色等。参照图 7.26 进行参数设定。设置完成后，Spry 菜单栏显示刚才设置的白色背景色，字体为黑体，对齐方式为居中对齐，效果如图 7.27 所示。

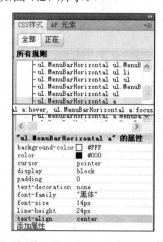

图 7.26　主菜单链接文本 CSS 样式

图 7.27　设置链接文本 CSS 样式后的效果

(5) 设置鼠标经过时链接的样式。在打开的 SpryMenuBarHorizontal.css 面板中，选中 ul.MenuBarHorizontal a.MenuBarItemHover, ul.MenuBarHorizontal a.Menu 选项，该选项将影响鼠标经过时链接的颜色和背景色等。参照图 7.28 设置其参数。设置完成后，当鼠标经过此菜单时，菜单的背景色显示刚才设置的浅灰色，如图 7.29 所示。

图 7.28　鼠标经过文本的【CSS 样式】面板

图 7.29　设置鼠标经过文本样式后的效果

 小提示：

如果建立的是垂直的菜单，那么 MenuBarHorizontal 将是 MenuBarVertical。

(6) 设置菜单栏文本。在【菜单条】属性面板中，选择第一个项目列表中的"项目 1"选项，在【文本】文本框中输入项目名称和符号"学院概况|"，然后选择第二个项目列表中的各个项目名称并依次输入内容，效果 7.30 所示。

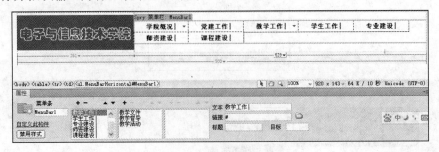

图 7.30　设置菜单栏文本

(7) 调整菜单栏宽度。为使所有菜单在一行中显示。需要调整菜单栏宽度。选中任一菜单，在其【属性】面板中设置其宽度为 90px，如图 7.31 所示。

图 7.31　设置主菜单栏宽度

(8) 调整下拉菜单栏宽度。选中任一下拉菜单，在其属性面板中设置其宽度为 90px，如图 7.32 所示。选择下拉菜单外侧的无序列表的边框，在 ul【属性】面板中，将【宽度】设为 90px，如图 7.33 所示。

图 7.32　设置下拉主菜单宽度

图 7.33　设置下拉主菜单宽度

(9) 最终完成效果如图 7.34 所示，保存文档，在【实时视图】中查看效果。

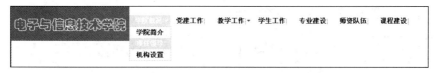

图 7.34　下拉菜单完成后的效果

　知识延伸：

在【属性】面板中，每一个项目的文本框代表着菜单的级别，第一个为主菜单，第二个为下拉菜单，第三个为下拉的子菜单，读者可以按照要求依次创建菜单项目。单击 ＋ 和 － 按钮可以添加或删除菜单的项目，单击 ▲ 和 ▼ 按钮可以调整菜单项目的前后顺序。

任务 7.3　Dreamweaver 图片元素操作

 任务陈述

任务构思与目标：了解图像的相关知识，通过在表格中插入图片或背景图片等操作，实现对网页的美化。

任务设计：使用 Dreamweaver 可视化操作插入图片，设置图片相关属性、创建图片热区、插入鼠标经过图像。

 知识准备

7.3.1　插入图片元素

图片在网页中具有直观和美化的作用，一个页面中插入合适的图片比单纯使用文字更具说服力和吸引力。

在专业的网站制作流程中，首先使用图像处理软件如 Photoshop、Fireworks 设计好网页效果图后，有两种方法生成网页，一种是由图像编辑软件自动生成网页，这样做简单方便，但不利于后期修改。第二种方法是将图片切片后，在 Dreamweaver 中，使用表格或层等技术拼接而成，这种方法稍显复杂，但后期修改比较方便。

在 Dreamweaver 中，使用表格插入图片时，要注意图片的高度和宽度要与表格协调一致。为了使图片能够无缝拼接，初始创建表格的时候就应该将属性面板中的边框宽度、单元格填充、单元格间距都设置为零，不能空着不填。若空着，默认状态下会有 2 个像素的单元格填充和单元格间距。

7.3.2　设置图片属性

在网页中插入图片后，还需要对图片进行修改，从而使页面更加美观。主要的修改包括：尺寸、对齐方式、图片边框和图片热区等。

选中图片，其【属性】面板如图 7.35 所示。

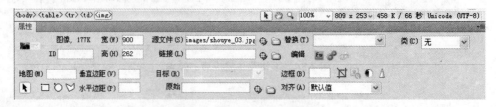

图 7.35　图像的【属性】面板

【属性】面板中主要参数的含义如下。

垂直边距：用于设置图像与其周围对象在垂直方向的空白距离。

水平边距：用于设置图像与其周围对象在水平方向的空白距离。

目标：用于设置打开目标文档的目标窗口，该选项只有在图像建立了超链接时才可用。

边框：在其后面的文本框中输入数值，可以为图像添加相应宽度的边框。取值为 0 时图像没有边框。另外，其右侧的按钮可以对图像裁剪、重新取样、调整亮度/对比度、锐化等。

对齐：用于设置图像与其周围对象之间的对齐方式。

◥：指针热点工具，用于调整和移动热点区域。

▢：矩形热点工具，在选定图片上拖动鼠标指针可以创建矩形热区。

◯：椭圆热点工具，在选定图片上拖动鼠标指针可以创建圆形热区。

▽：多边形热点工具，在选定图片上，单击选择一个多边形，定义一个不规则形状的热区。

7.3.3　创建热图

Dreamweaver 中的热点链接可以用来制作地图，当鼠标指向地图的不同部位时，可以打开不同的链接，打开更详细的图，这种技术称为网页图片热点链接。热点链接不仅可以将整张图片作为链接的载体，还可以将图片的某一部分设为链接，这需要通过设置影像地图来实现，也就是建立图像热点区域。

【例 7-1】制作青岛市地图。

下面通过制作一个青岛市地图的网页来讲解热区制作技术,当用户单击地图上的某一区域时，比如"黄岛区"，网页会打开另外一个页面，向用户展示更详尽的黄岛地图。具体步骤如下。

(1) 新建站点。执行【站点】|【新建站点】命令，新建一站点，并将本地根文件夹选择为存放资料图片的文件夹下。

(2) 创建页面。在 Dreamweaver 中新建一基本页，在文档工具栏【标题】文本框中输入"青岛市"。插入宽为 900px 的 1 行 1 列的表格，设置填充、间距、边框为 0，设置对齐方式为居中对齐，设置页面的上边距为 0，以 qd.html 的名字存放在站点目录下。

(3) 插入图片。将鼠标置于单元格中，选择"素材/第 7 章//image/青岛地图"插入表格中，调整图像尺寸，以适应表格尺寸。效果如图 7.36 所示。

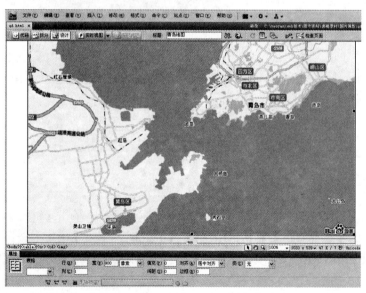

图 7.36　插入青岛市地图后效果

(4) 用相同方法制作黄岛区地图(hd.html)、市南区地图(sn.html)、崂山区地图(ls.html)，并统一存放在站点根目录下。站点内容如图 7.37 所示。

图 7.37　站点结构

(5) 创建热区。打开 qd.html 文件，选中图片，在属性面板中选择【矩形热点区域】按钮，在地图的市南区、崂山区、黄岛区的文字上绘制热点区域。效果如图 7.38 所示：

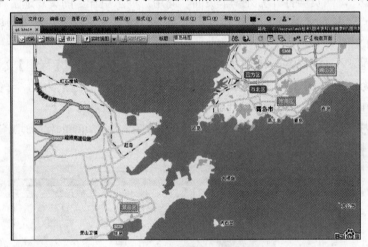

图 7.38　绘制热点后效果

 经验之谈：

为了便于使用者操作，可将热点绘制的稍大一点。

(6) 设置属性面板。选中黄岛区热点区域，打开属性面板，单击【链接】后面的浏览文件按钮 🗀，在弹出的【选择文件】对话框中选择"hd.html"，单击【确定】按钮。在属性面板的【目标】后面的下拉列表中选择"-blank"，确保进入链接页面时打开另一个窗口。属性面板如图 7.39 所示。

(7) 绘制其他热点区域，并添加链接页，操作完成后，执行【文件】|【保存全部】命令，保存文件，单击【在 IE 中预览文件】，当鼠标移到热区时变为手形，单击热区后，在另一个窗口打开链接的页面。

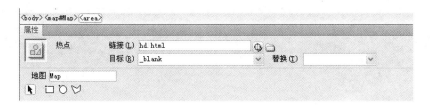

图 7.39　热点属性面板

7.3.4　插入导航条、鼠标经过图像

导航条一般由图片和文字组成，在网页中，导航条的作用不可忽视，正如它的名称，导航条为浏览者提供了导航作用，使用它可以在网页之间自由跳转。当鼠标经过导航条时，导航条会发生 4 种动态变化。

能产生鼠标经过按钮时发生动态变化效果的除了导航条以外还有鼠标经过图像效果。所谓鼠标经过图像，是指在浏览网页状态下，当光标指向图像时，该图像将被其他图像替代，从而产生动态效果。

导航条与鼠标经过图像的效果非常相似，操作上也大致相同。导航条一般由系列的栏目按钮组成，并且一个网页中一般只有一个导航条。鼠标经过图像只有两种状态，而导航条却有 4 种状态。

【例 7-2】制作以导航条、鼠标经过图像为主的网页。

观察如图 7.40 所示效果图并分析页面，网页主要运用了表格布局、插入图片、插入导航栏和鼠标经过图像技术。

图 7.40　网页效果图

(1) 建立站点，并将图片资料文件夹复制到站点文件夹下。

(2) 建立一基本页，并存储于站点文件夹下。在页面中插入一宽为 900px 的 4 行 1 列的表格。设置【表格填充】、【边框】、【间距】均为 "0"，设置页面【上边距】为 "0"。

(3) 表格布局。在第一行插入 1 行 2 列一嵌套表格，宽度为 100%；在第 2 行插入 1 行 3 列一嵌套表格，宽度设为 100%，在第 4 行插入 2 行 6 列一嵌套表格，宽度设为 100%。将第 4 行中嵌套表格中的第 1 列和第 6 列的 2 个单元格分别合并，制作出表格布局如图 7.41 所示。

(4) 插入图片。参照效果图，选择图片 "素材/第 7 章//image /shouye_r1_c1.jpg" 插入到第 1 行的第 1 个单元格中，选择图片"shouye_r1_c4.jpg"插入第 2 个单元格中，选择图片 "shouye_r4_c1.jpg"插入第 2 行第 1 个单元格中，并调整单元格尺寸使之与图片相适合。效果如图 7.42 所示。

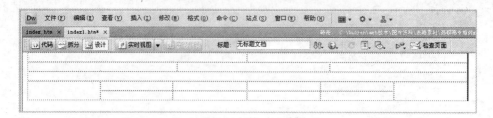

图 7.41　网页表格布局

图 7.42　插入图片后效果

(5) 将鼠标置于第 2 行第 2 个单元格中，选择【插入】|【常用】选项，在【图像】选项的下拉菜单中选择【导航条】命令，弹出【插入导航条】对话框。

(6) 插入导航条。参照图 7.43 所示从"素材/第 7 章/image"中选择一个导航条的四种状态图片，在对话框中进行参数设定。

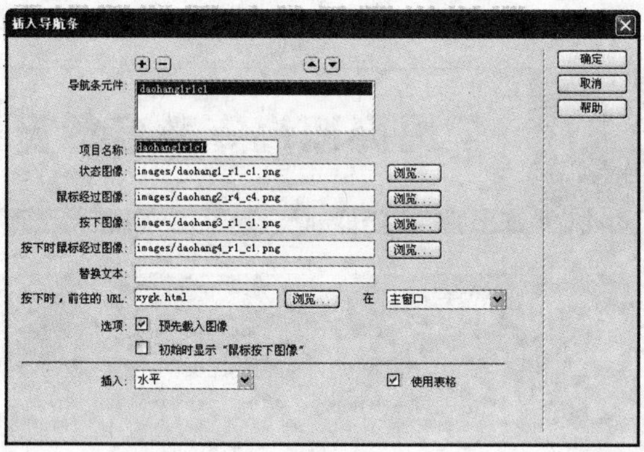

图 7.43　插入第一个导航条按钮对话框

(7)增加导航条按钮。设置好第 1 个导航按钮的参数后，单击【导航条元件】上方的 ➕ 按钮，增加第 2 个导航条按钮，并设置好参数后，以此类推，添加好所有导航按钮，并设置参数后，单击【确定】按钮，即可创建一个导航条，在 IE 中预览，随着鼠标的移动会产生图片变化的效果。完成后页面效果如图 7.44 所示。

图 7.44　插入导航条后效果

小提示：

因一个页面只能有一个导航条，所以一定要将所有的导航按钮都添加上并设置好参数后再单击确定按钮。

(8) 设置单元格属性。将鼠标置于第 3 行，并在属性面板中设置其单元格【高度】为 "32" px。将鼠标置于在第 4 行的嵌套表格的第 1 列和第 6 列，分别将其单元格【宽度】设置为 "30" px。

(9) 插入鼠标经过图像。将光标置于第 4 行的嵌套表格的第 2 列第 1 个单元格中，在【插入】工具栏中选择【常用】标签，单击其中的【图像】按钮，在打开的菜单中选择【鼠标经过图像】命令，弹出【插入鼠标经过图像】面板，如图 7.45 所示，在对话框中选择【原始图像】和【鼠标经过图像】，并可为鼠标经过图像建立超链接。单击【确定】按钮，插入鼠标经过图像。

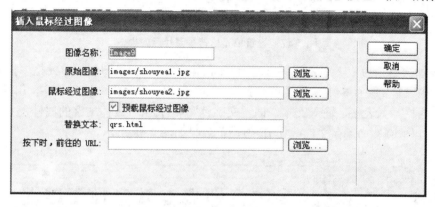

图 7.45　插入鼠标经过图像对话框

(10) 用同一方法，参照效果图，将分别将鼠标经过图像插入第 3、4、5 列的第 1 个单元格中。完成后的效果图如图 7.46 所示。

图 7.46　插入鼠标经过图像后页面效果

(11) 设置单元格背景图片。将鼠标置于图片下方的单元格中，右击，选择 "编辑标签 (shift+F5)/浏览器特定的/背景图片"，在浏览中选择 "素材/第 7 章/image/shouye_r7_c2.jpg" 将图片插入即可，并参照图 7.47 设置单元格属性。用同一方法将 shouye_r7_c3.jpg、shouye_r7_c5.jpg、shouye_r7_c6.jpg 分别插入其他三张图片下方的单元格中。

图 7.47 设置单元格背景图片后效果

(12) 添加文字。为使文字之间保持适当的间隔，在添加背景图片的单元格中插入 1 行 1 列的表格，在表格属性面板中设置【填充】为"15"像素。在表格中输入文字，用同一方法为另外 3 个单元格插入表格，输入文本，调整文字色彩和行距。(具体文字的属性及 CSS 设置将在下一小节具体讲解。)保存文件，在 IE 中预览效果如图 7.48 所示。

图 7.48 完成后效果

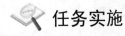 **任务实施**

7.3.5　插入图片

(1) 首先分析一下网页的主体部分，共分为 3 列，每一列中又插入了嵌套表格。第 1 列和第 3 列为专题内容或导航栏，第 2 列为展示的主要内容。

(2) 设置单元格背景色。将光标置于主体部分第 1 列中，选中单元格，在【属性】面板中的【背景颜色】文本框中输入"#e7e7e7"，设置第 1 列单元格的背景色为浅灰色。如图 7.49 所示。

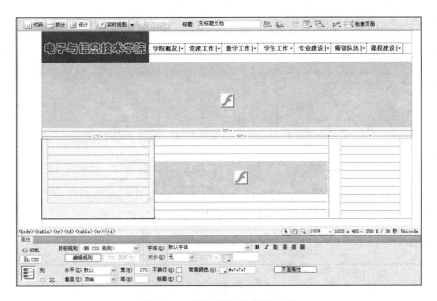

图 7.49　插入单元格背景颜色

(3) 插入图像。将光标置于嵌套表格的第 1 行中，参照效果图，在【属性】面板中设置单元格的高度为 10px，将光标置于第 2 行中，用插入图片的方法在单元格中插入"素材/第 7 章 /image/2_r1_c1.jpg"，插入图片后效果如图 7.50 所示。

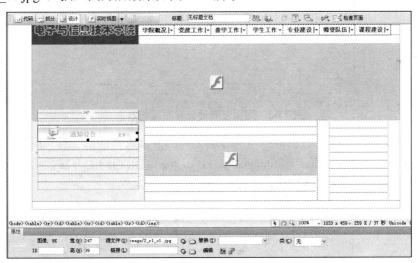

图 7.50　插入图片后的效果

(4) 绘制热点。在表格中选中"2_r1_c1.jpg"图片，在图像【属性】面板中单击【矩形热点工具】选项，在"2_r1_c1.jpg"图像上的"更多"按钮处绘制矩形热区。并在【属性】面板中设置【链接】选项为"tzgg.html"；【目标】选项为"-blank"。完成后效果如图 7.51 所示。

(5) 重复(3)、(4)步骤，在嵌套表格的第 4、6 行分别插入图片，并设置其热点及链接等。完成后效果如图 7.52 所示。

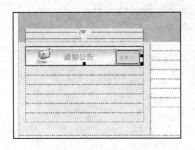

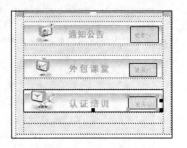

图 7.51   绘制热点后的效果   图 7.52   绘制热点后的效果

(6) 设置单元格高度和背景色。将光标置于"通知公告"下方单元格中，在"属性"面板中设置其【背景颜色】为#ffffff，单元格【高度】为 200px，用相同的方法设置第 5、7 行的【背景色】为#ffffff、单元格【高度】分别为 200px 和 100px。设置完成后效果如图 7.53 所示。

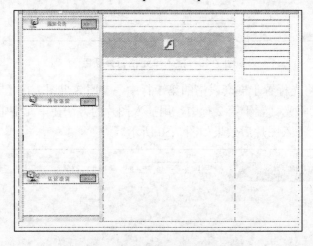

图 7.53   网页左侧设置完成后的效果

(7) 插入图片。将光标置于表格主体部分第 2 列的嵌套表格的第 2 行，用插入图片的方法在单元格中插入图片"素材/第 7 章/image/2-4_r1_c1.jpg"。用相同的方法在第 6 行单元格中插入图片。设置好的效果如图 7.54 所示。

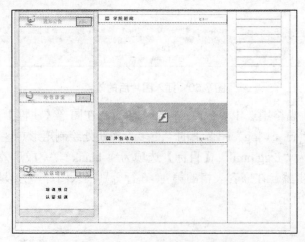

图 7.54   中间部分填充图片后的效果

(8) 设置热点链接。重复步骤(4)，在图像上的"更多"按钮处绘制矩形热区，并参照步骤(4)，设置热点区域的【属性】面板。

(9) 设置单元格高度。将光标置于表格主体部分第 2 列的嵌套表格的第 1 行中，在属性面板中设置单元格的高度为 10px，用相同的方法，将第 3、5、7 行单元格高度分别设置为 250px、10px、250px。效果如图 7.55 所示。

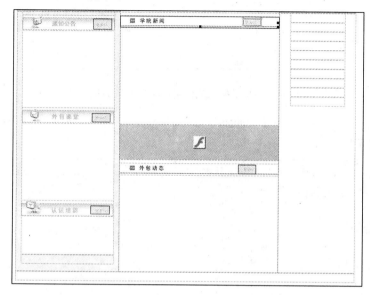

图 7.55　中间部分设置单元格属性后的效果

(10) 设置单元格背景色。将光标置于主体部分第 3 列中，在标签选择器中选择 td 选项，在【属性】面板中设置其【背景颜色】为#e7e7e7。

(11) 设置单元格高度。将光标置于主体部分第 3 列的嵌套表格的第 1 行中，在【属性】面板中设置其单元格高度为 10px，用相同的方法设置第 3、5、7、9 行的单元格高度均为 10px。完成后效果如图 7.56 所示。

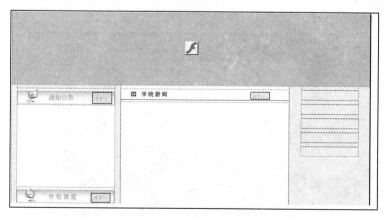

图 7.56　右侧部分设置单元格属性后的效果

(12) 插入鼠标经过图像。将光标置于主题右侧嵌套表格的第 2 行单元格中，单击【插入】面板中的【常用】标签，单击其中的【图像】按钮，在打开的菜单中选择【鼠标经过图像】命令，弹出【插入鼠标经过图像】对话框，参照图 7.57 在对话框中设置【原始图像】和【鼠标经过图像】内容，并为鼠标经过图像建立超链接。

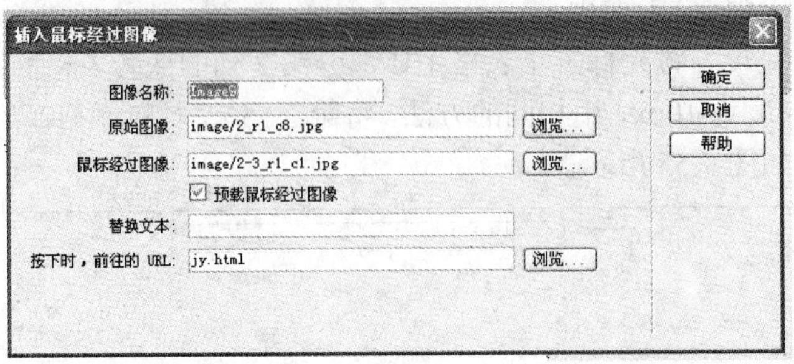

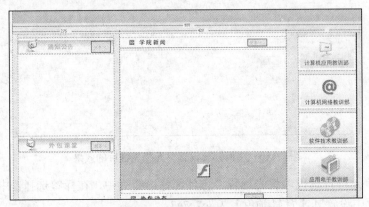

图 7.57 【插入鼠标经过图像】对话框

(13) 用相同的方法，在嵌套表格的第 4、6、8 行单元格中分别插入鼠标经过图像，设置完成后效果如图 7.58 所示。

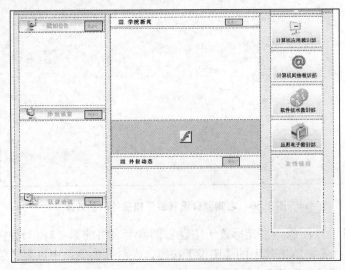

图 7.58 插入鼠标经过图像后的效果

(14) 插入单元格背景图片。将光标置于嵌套表格的第 10 行，在【属性】面板中设置单元格的【高度】为 215px，用插入背景图片的方法，插入"素材/第 7 章/image/2_r16_c7.jpg"图像。至此，主体部分图片插入完成，效果如图 7.59 所示。

图 7.59 插入背景图片后的效果

(15) 设置网页底部。将光标置于表格的最后一行，设置【单元格高度】为 40px，【水平】和【垂直】方式均设为【居中对齐】。利用插入背景图片的方法，在最后一行插入背景图片，至此插入图片部分完成，效果如图 7.60 所示。

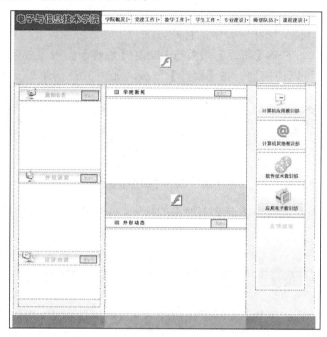

图 7.60　插入底部背景图片后的效果

任务 7.4　插 入 文 本

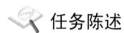 **任务陈述**

　　任务构思与目标：在任务 7.2、7.3 的基础上修饰网页文本，进一步美化页面。

　　任务设计：使用 Dreamweaver 工具可视化定义、生成文本的 CSS 样式定义完成任务。

知识准备

　　文字是网页的主题，负责传达信息。单纯的文字效果通常给人死板的视觉印象，需要在网页中对文本进行格式、色彩等的设置，增加文字的变化，以吸引更多的浏览者。

7.4.1　文本属性设置

　　在网页中输入文本以后，可以根据需要设置文本属性。选择要编辑的文本，此时的【属性】面板如图 7.61 所示，在这里可以设置文本的各种格式。

图 7.61　文本的【属性】面板

类：显示当前应用于文本的类样式，如果没有对所选内容应用过任何样式，则显示"无"。

链接：用于为所选的文本建立超链接。可以在其后面的文本框中输入要链接文档的路径名称，也可以单击右侧的 📁 图标，在弹出的对话框中选择链接的文档，或者按住 ⊕ 图标指向要链接的文档建立超链接。

目标：用于选择链接文档在窗口中的打开方式。

Dreamweaver CS4 将 CSS【属性】面板与 HTML【属性】面板集成在一起，在【属性】面板中单击 CSS 按钮，可以切换到 CSS【属性】面板，如图 7.62 所示。

图 7.62　CSS【属性】面板

目标规则：用于显示页面中所选文本使用的规则，也可以通过该选项创建新的 CSS 规则、新的内联样式等。

单击 编辑规则 按钮，则打开【CSS 规则定义】对话框，用于设置 CSS 的各项属性；如果从【目标规则】列表中选择【新 CSS 规则】选项，并单击 编辑规则 按钮，则可以新建 CSS 规则。

字体：用于选择所需的字体。如果字体列表中没有所需的字体，可以选择列表中的【编辑字体列表】选项，这时将打开【编辑字体列表】对话框，如图 7.63 所示。在对话框的【可用字体】列表框中选择所需的字体后单击 ◁◁ 按钮，将其添加到【字体列表】选项区域中，单击【确定】按钮，则该字体将出现在【属性】面板的【字体】列表中。

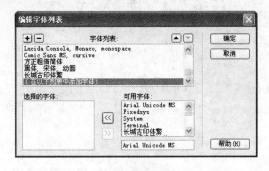

图 7.63　【编辑字体列表】对话框

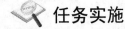 **任务实施**

7.4.2　插入文本部分

因本页面中大部分文本为后台添加的动态文本，这里不再赘述。本书只讲述静态文本和链接文本。

(1) 设置文本链接。将光标置于【认证培训】下的单元格中，输入"培训项目"、"认证培训"，在【属性】面板中设置单元格【水平对齐】方式为【居中对齐】，【垂直对齐】方式为【居中对齐】。将"培训项目"模块选中，在【属性】面板的 HTML 选项下，参照图 7.64 进行设置。在【链接】文本框后输入链接地址，【目标】文本框中选择"_blank"选项。用相同的方法制作"认证培训"。

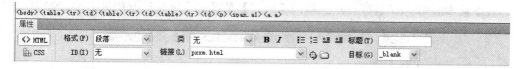

图 7.64　连接文本【属性】面板

(2) 设置文本链接。将光标置于主体部分右侧"友情链接"版块的单元格中，输入相应文字。并将每行文字选中，在【属性】面板中参照步骤(1)设置其链接地址及其他属性，设置完毕后效果如图 7.65 所示。

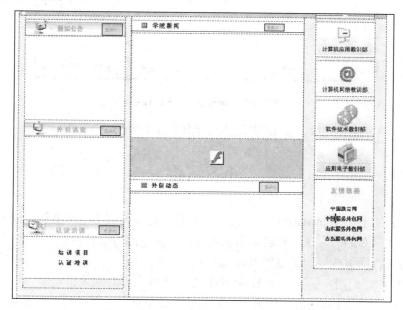

图 7.65　设置链接文本后的效果

(3) 设置链接文本 CSS。单击【属性】面板中的【页面属性】按钮，打开【页面属性】对话框，在【分类】列表中选择【链接(CSS)】选项，参照图 7.66 进行参数设置。设置完成后单击【确定】按钮。设置文本链接以后，网页中所有链接的文本将以设置的方式显示。

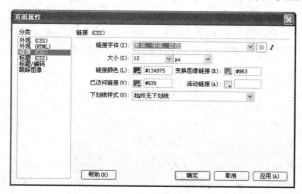

图 7.66　设置链接文本 CSS 样式

(4) 插入文本。将光标置于网页底部版权部分单元格中，输入"蓝翼科技公司设计制作"。在【属性】面板中切换到 CSS 面板，单击 编辑规则 按钮，弹出【body 的 CSS 规则定义】对话框，各参数参照图 7.67 进行设定。单击【确定】按钮，文字自动套用设定的 CSS 样式。

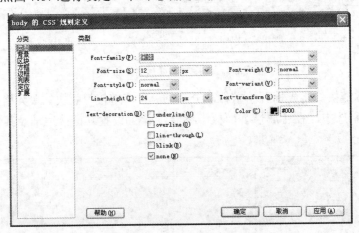

图 7.67　设置文本 CSS 样式

(5) 至此，网页制作完成，在 IE 中浏览效果如图 7.9 所示。

小　结

本章简单介绍了 Dreamweaver CS4 的主要功能、界面模式等基本知识，深入讲解了表格的基础知识、表格布局的方法，在表格中插入图片、文本的方法及步骤。

使用表格进行网页布局的优点如下。

(1) 可观性好，当用户插入一个 Table 的时候就可以立即看到效果。

(2) 简单方便，适合入门的用户操作，用表格不需要过多了解代码，只需插入表格，然后设置长宽、对齐方式、表格属性等即可。

(3) 可读性好，稍懂些 HTML 语言的都可以看得懂，无非就是 table /table、td /td、tr /tr 等内容。

使用表格进行网页布局的缺点如下。

(1) 代码臃肿。

(2) 页面渲染性能问题：浏览器需要将整个表格完全读完后才会开始渲染。

(3) 不利于搜索引擎优化：搜索引擎喜欢内容与修饰分开。

重 要 术 语

表格	嵌套表格	热点
鼠标经过图像	导航条	Spry 菜单栏
目标窗口		

自 我 测 试

一、填空题

1. 表格的宽度可以用像素和_____两种单位来设置。

2. 在 Dreamweaver 文档窗口中有 3 个视图，它们分别是_____视图、拆分视图和_____视图。

3. 表格由行和列组成，而行和列的交汇又构成了_____。

4. 在已有普通表格中添加表格，即创建_____。

5. 如果希望在一幅图像中创建多个链接区域，可在 Dreamweaver 中通过设置_____来实现。

6. 插入鼠标经过图像或_____都可以实现鼠标经过时图像变化的效果。

7. 通过_____的方式可以使各个页面之间连接起来，使网站中众多的页面构成一个有机的整体。

8. 使用"插入鼠标经过图像"命令，当鼠标经过图像时会产生_____效果。

9. 为链接定义目标窗口时，"_blank"表示的是_____。

二、选择题

1. 可以通过( )文本框设置单元格内容和单元格边界之间的像素数。

    A．填充   B．间距   C．边框   D．宽和高

2. 如果要使浏览器不显示表格边框，应将"边框粗细"设置为( )。

    A．1   B．2   C．3   D．0

3. 在进行网站设计时，属于网站建设过程规划和准备阶段的是( )。

    A．网页制作   B．确定网站的主题

    C．后期维护与更新   D．测试发布

4. Dreamweaver 是( )软件。

    A．图像处理   B．网页编辑   C．动画制作   D．字处理

5. 在网站整体规划时，第一步要做的是( )。

    A．确定网站主题   B．选择合适的制作工具

    C．搜集材料   D．制作网页

6. 要想合并单元格，首先选中要合并的单元格，然后单击属性检查器中的图标按钮( )。

    A．   B．   C．   D．

7. 网页最基本的元素是( )。

    A．文字与图像   B．声音

    C．超链接   D．动画

8. 图像地图就是在一幅图像中创建多个链接区域，其中( )热点不能创建。

    A．矩形   B．椭圆

    C．多边形   D．抛物线

9. 在网页中连续输入空格的方法是( )。

    A．连续按空格键

    B．按空格键再连续按空格键

    C．转换到中文全角状态下连续按空格键

    D．按住 Shift 键再连续按空格键

10. 如果不想在段落间留有空行，可以按(　　)键。

　　A. Enter　　　　　B. Ctrl+Enter　　　C. Alt+Enter　　　D. Shift+Enter

11. 要想在新的浏览器窗口中打开链接页面，应将链接对象的"目标(target)"属性设为(　　)。

　　A. _parent　　　　B. _blank　　　　C. _self　　　　　D. _top

12. 关于鼠标经过图像，下列说法不正确的是(　　)。

　　A. 鼠标经过图像的效果是通过 HTML 语言实现的

　　B. 设置鼠标经过图像时，需要设置一张图片为原始图像，另一张为鼠标经过图像

　　C. 可以设置鼠标经过图像的提示文字与链接

　　D. 要制作鼠标经过图像，必须准备两张图片

13. 在 Dreamweaver CS4 中，下面对象中可以添加热点的是(　　)。

　　A. 图像　　　　　B. 文本　　　　　C. flash　　　　　D. 层

14. 下列关于热区的使用，说法不正确的是(　　)。

　　A. 使用矩形热区工具、椭圆形热区工具和多边形热区工具分别可以创建不同形状的热区

　　B. 热区一旦创建之后，便无法再修改其形状，必须删除后重新创建

　　C. 选中热区之后，可在属性面板中为其设置链接

　　D. 使用热区工具可以为一张图片设置多个链接

15. 超级链接是网页中最重要的组成元素，关于创建链接叙述不正确的是(　　)。

　　A. 可以给空格创建超级链接

　　B. 选中文本或图像，选择右键菜单中的"创建链接"命令

　　C. 一幅图片可以创建多个超级链接

　　D. 选中文本，其属性栏就会出现链接框，输入文件地址即可创建

16. 在制作网站时，下面是 Dreamweaver 的工作范畴的是(　　)。

　　A. 内容信息的搜集整理

　　B. 美工图像的制作

　　C. 把所有有用的东西组合成网页

　　D. 网页的美工设计

三、上机实践

参照效果图 7.68，利用所学表格布局、插入图片、插入文本、设置链接等知识制作一个 index.html 的网页。

图 7.68　综合网页

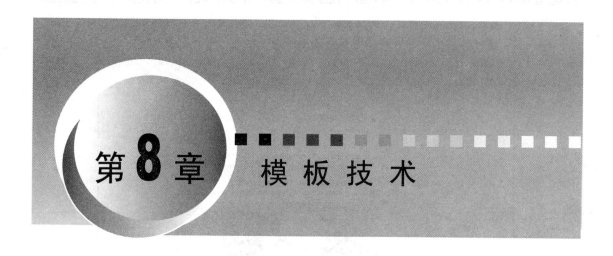

第 8 章　模 板 技 术

学习目标

知识目标	技能目标
(1) 理解模板技术的引入意义 (2) 掌握模板的创建 (3) 掌握基于模板创建文档	(1) 能基于网站整体风格创建模板 (2) 能应用模板设计相同风格和版式的页面

章节导读

　　在网页制作过程中，经常会遇到网站若干页面具有相同的页面布局。为了避免重复劳动、节省时间，会使用模板技术。本章将学习如何使用模板技术更高效地创建风格一致的网页。

任务 8.1　创 建 模 板

任务陈述

　　任务构思与目标：设计"高职院校对口合作联盟"网站作为高校交流的平台，方便交流学习，广泛宣传，内容页面效果如图 8.1、图 8.2 所示。

　　任务设计：由于网站的各内容页面具有相同风格和版式布局，因此使用模版技术设计，从而节省人力，提高工作效率。

图 8.1　使用模板技术制作的网页一

图 8.2　使用模板技术制作的网页二

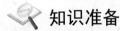 ## 知识准备

8.1.1　理解模板技术

在大型网站的制作过程中，通常会有大量风格和内容基本相似的页面，如图 8.1、图 8.2，这些页面具有相同的风格和版式布局，如果逐个设计、制作会费时费力，为节省时间、提高效率，可以使用模板技术。在模板中有一些内容不需要修改，如网页头部 banner、导航条等，在创建模板时，可以指定这部分区域为固定区域；内容展示区域可根据需要填充不同的内容，指定这部分区域为可编辑区域。这样就保证了整个网站的风格统一。

模板实际上就是一种文档，其扩展名为"`.dwt`"，存放在根目录下的 Templates 文件夹中。如果该文件夹在站点中不存在，Dreamweaver 将会在保存新建模板时自动创建。一般按以下步骤进行网页模板的制作：①设计制作网页，②设置可编辑区域，③应用模板创建新的页面。

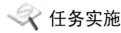 ## 任务实施

8.1.2　创建模板

在 Dreamweaver 中有两种创建模板的方法：一种是将现有的网页文档另存为模板，然后根据需要进行修改；另一种是直接新建一个空白模板，再应用模板创建新的网页文档。这里使用新建空白模板的方法创建模板。

观察图 8.1、图 8.2 所示的网页效果图，此页面为二级页，以展示内容为主。网页头部 banner、网页导航栏和网页底部版权部分为固定内容，创建模板时将这几部分规划为不可编辑区域；中间内容展示区域可根据需要填充不同的内容，在创建模板时将此区域规划为可编辑区域。模板效果如图 8.3 所示。

图 8.3　网站模板效果

创建模板的步骤如下。

(1) 新建站点。新建站点，并将制作网站所需图片文件夹复制到站点文件夹下。

(2) 在 Dreamweaver 中，执行【文件】|【新建】命令，弹出【新建文档】对话框，选择【空模板】选项下的【HTML 模板】类型。单击【创建】按钮，新建一个页面，如图 8.4 所示。

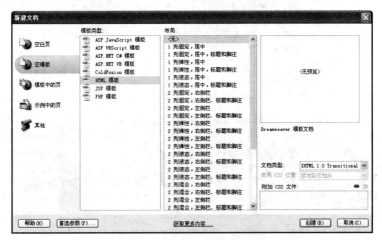

图 8.4　"新建文档"对话框

(3) 插入表格。在页面中插入一个 5 行 1 列，宽为 1000px 的表格，在表格【属性】面板中设置表格【居中方式】为【居中对齐】，设置【页面属性】中【上边距】文本框为 0。完成后效果如图 8.5 所示。

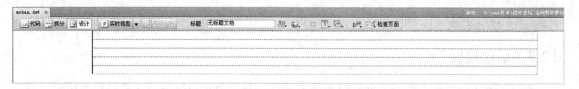

图 8.5　插入表格后效果

(4) 插入图片。将光标置于表格的第 1 行单元格中，选取图像"素材/第 8 章/images/moban_02.jpg"插入表格中；将光标置于表格的第 3 行，选取图像"素材/第 8 章/images/moban_11.jpg"插入表格中。完成后效果如图 8.6 所示。

图 8.6　插入图片后效果

(5) 插入嵌套表格。将光标置于表格第 2 行，插入一个 1 行 3 列，宽度为 1000px 的嵌入表格。将鼠标置于嵌套表格的第一个单元格中，选取"素材/第 8 章/images/moban_03.jpg"图片插入表格中。用相同的方法在第三个单元格中插入图片"素材/第 8 章/images/ moban_10.jpg"。

(6) 插入导航条。将光标置于嵌套表格的第二个单元格中，单击【常用】|【导航条】选项。参照图 8.7 设置导航条面板，在表格中插入导航条。完成后效果如图 8.8 所示。

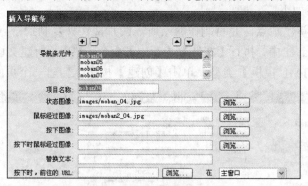

图 8.7　设置导航条面板属性

图 8.8　插入导航条后效果

(7) 插入嵌套表格。将光标置于表格的第 4 行，插入一个 2 行 3 列，宽为 1000px 的嵌套表格。将光标置于嵌套表格的第 1 行第 1 个单元格中，在其【属性】面板中，设置其单元格【宽度】为 84px，【高度】为 71px；将光标置于嵌套表格的第 1 行第 2 单元格中，在其【属性】面板中设置【宽度】为 824px，【垂直】为【居中对齐】，【水平】为【居中对齐】；将光标置于嵌套表格的第 2 行第 2 个单元格中，在【属性】面板中设置【垂直】选项为【顶端对齐】，【水平】为【左对齐】。设置完成后效果如图 8.9 所示。

图 8.9 插入嵌套表格并设置单元格属性后的效果

(8) 插入背景图片。将光标置于嵌套表格的第 1 行第 1 个单元格中，选择图片"素材/第 8 章/images/moban_12.jpg"，插入背景图片。用相同的方法为第 1 行第 2、3 个单元格分别插入背景图片；在第 2 行第 1、3 个单元格中，用相同的方法分别插入背景图片。完成后的效果如图 8.10 所示。

图 8.10 插入背景图片后的效果

小提示：

插入背景图片后，背景图片会随着可编辑区域的内容延长而自动延伸。

(9) 插入可编辑区域。将光标置于嵌套表格的第 1 行第 2 个单元格中，选择【插入】|【常用】选项，单击 按钮的下拉菜单，选择【可编辑区域】选项，弹出【新建可编辑区域】对话框，如图 8.11 所示，单击【确定】按钮，在表格中创建了一个可编辑区域。用相同的方法，在嵌套表格的第 2 行第 2 个单元格中创建第二个可编辑区域，完成后效果如图 8.12 所示。

图 8.11 【新建可编辑区域】对话框

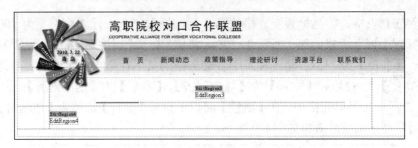

图 8.12　插入可编辑区域后的效果

知识延伸：

　　模板是网页中固定的页面布局，在应用模板创建的页面中，只能编辑可编辑区域。在可编辑区域中，可以插入图片、文字、Flash、嵌套表格等。但是应用模板的页面将无法编辑可编辑区域以外的内容。

　　(10) 创建网页底部。将光标置于表格的第 5 行，插入一个宽度为 1000px 的 1 行 3 列的嵌套表格。将光标置于嵌套表格的第 1 列中，在单元格中插入图片"moban_20.jpg"，并调整单元格宽度与之相适应。将光标置于嵌套表格第 2 列，在【属性】面板中，单击 ≍ 按钮，在弹出的【拆分单元格】对话框中，选择拆分为【2 行】。将光标置于第 1 行，选择"素材/第 8 章/images/ moban_21.jpg"图片插入；将光标置于第 2 行，在【属性】面板中填充【背景颜色】为"#D1D3D4"，在单元格中输入版权信息。将光标置于嵌套表格的第 3 列，在单元格中插入图片"moban_22.jpg"。至此，模板创建完成，效果如图 8.13 所示。

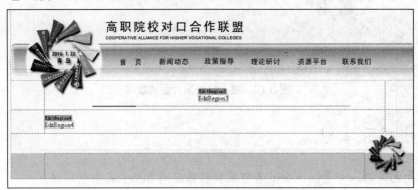

图 8.13　设置网页底部效果

小提示：

　　模板文件不能在 IE 中预览，使用模板创建页面后可在 IE 中预览。

　　(11) 按 Ctrl+s 键保存文档，在站点下将自动生成一个 Templates 文件夹，并将模板文档保存在此文件夹下。

任务 8.2 应 用 模 板

 任务陈述

任务构思与目标：应用设计好的网站模板来创建若干与模板具有相同风格和版式布局的其他内容页面，如图 8.1 所示。

任务设计：使用模板创建基于模版的若干页面。

 知识准备

8.2.1 模板的应用

在创建模板后，就可以应用模板创建新的页面了，这样可以大大地提高设计者的工作效率。当设计者对模板进行修改后，所有应用了这个模板的页面都将随之修改。模板和基于模板的网页之间保持了一种连接状态，这两者之间的共同内容也将能够保持一致。

 任务实施

8.2.2 创建基于模板的文档

下面将基于任务 8.1 创建的模板来创建新的网页，具体步骤如下。

(1) 创建基于模板的网页。单击菜单栏中【文件】|【新建】选项，弹出【新建文档】对话框，在页面中选择【模板中的页】选项，在显示的【站点】栏中选择上一小节创建的 mb 站点，在【站点 "mb" 的模板】栏中会显示此站点下所有的模板，如图 8.14 所示，选择所需模板，单击【创建】按钮，便创建了一个基于模板的新的网页文档。

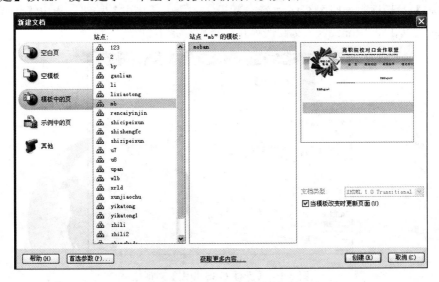

图 8.14 【新建文档】对话框

(2) 编辑可编辑区域。在新建文档的可编辑区域 EditRegion3 中输入文档标题，在 EditRegion4 中插入一个 2 行 1 列宽度为 100% 的表格，在嵌入表格的第 1 行粘贴所需文档内容，在嵌套表格的第 2 行插入所需图片，在【属性】面板中调整第 2 行单元格的【水平】选项为【居中对齐方式】。效果如图 8.15 所示。

图 8.15　编辑可编辑区域后的效果

(3) 设置 CSS 样式。单击【CSS 样式】面板中的 ⊞ 按钮，创建新的 CSS 规则，弹出【新建 CSS 规则】对话框，参照图 8.16 进行参数设定。单击【确定】按钮，弹出【将样式表文件另存为】对话框，将"font.css"文件保存在站点根目录下。

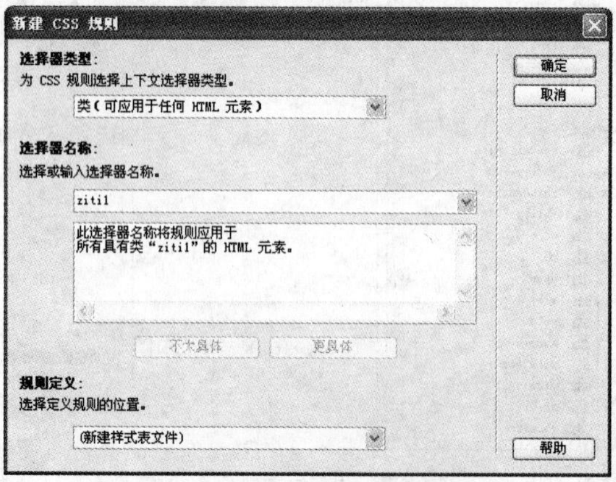

图 8.16　【新建 CSS 规则】对话框

(4) 在弹出的【.ziti1 的 CSS 规则定义】对话框中，参照图 8.17 进行参数设置。单击【确定】按钮生成新的样式表。

图 8.17　CSS 的规则定义

(5) 套用字体样式。将鼠标置于第 1 个可编辑区域中的标题文字处，在其【属性】面板中选择 CSS 选项，在【目标规则】中选择 ".ziti1" 选项，标题文字随之改变为定义的样式。如图 8.18 所示。

图 8.18　字体 CSS【属性】面板

(6) 用相同的方法创建正文的字体样式，设置其字体为 "宋体"，字号为 "12px"，颜色为 "#000"，行间距为 "24px"，并将正文套用该样式。

(7) 保存网页，其效果如图 8.19 所示，站点文件夹如图 8.20 所示。

图 8.19　完成后网页的效果

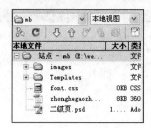

图 8.20　站点构成

 知识延伸:

常用的提供网页模板的网站如下所示。

(1) 站长技术教程网 http://www.update8.com/mb/。

(2) 免费模板网: http://www.mianfeimoban.com/等。

小　　结

本章简单介绍了 Dreamweaver CS4 的模板技术: 创建模版(重点介绍可编辑区域、不可编辑区域的使用)、应用模板到页面, 使用模板技术可以提高工作效率, 保持网站风格的一致。

重 要 术 语

模板　　　　　　　可编辑区域　　　　　　　不可编辑区域

自 我 测 试

一、填空题

1. 模板文件的扩展名为_____。

2. Dreamweaver 提供了 4 种模板区域类型, 分别是_____、重复区域、_____和可编辑标签属性。

二、选择题

当编辑模板时, 以下说法正确的是(　　)。

A. 只能修改可编辑区域中的内容

B. 只能修改锁定区域的内容

C. 可编辑区域中的内容和锁定区域的内容都可以修改

D. 可编辑区域中的内容和锁定区域的内容都不能修改

三、上机实践

使用模板技术制作图 8.21 所示的网站模板, 并基于模板创建其他页面。

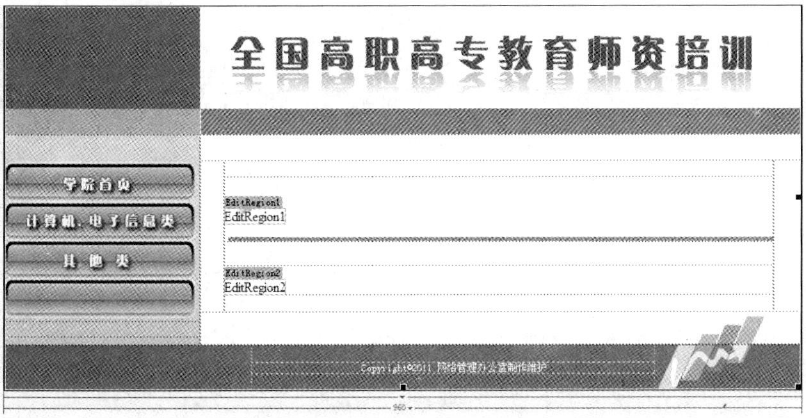

图 8.21 网站模板设计

第 2 篇

动态交互效果
制作提高篇

第 **9** 章　JavaScript 基础

 学习目标

知识目标	技能目标
(1) 了解 JavaScript 发展背景等基础知识 (2) 理解基于对象的编程思想 (3) 理解文档对象模型工作机制 (4) 掌握使用 DOM 访问对元素及属性 (5) 掌握 JavaScript 典型案例的应用	(1) 运用基于对象编程思想编写简单动态脚本程序 (2) 能够掌握常用的 JavaScript 事件处理程序 (3) 能熟练运用 DOM 对象模型编程访问元素及其属性 (4) 能使用 JavaScript 实现各种常见的网页动态效果

 章节导读

　　JavaScript 是目前 Web 应用程序开发者使用最广泛的脚本编程语言，JavaScript 可以使网页变得生动，JavaScript 常被用来改进设计、验证表单、检测浏览器、创建 Cookies 等，增强用户与 Web 站点和 Web 应用程序之间的交互。通过本章的学习，读者可以掌握 JavaScript 语言的基础知识。

任务 9.1　JavaScript 概述

 任务陈述

　　任务构思与目标：JavaScript 事件驱动机制实现：载入网页页面时显示欢迎信息，如图 9.1 所示。当用户单击按钮时显示感谢信息，如图 9.2 所示。

　　任务设计：理解 JavaScript 基于对象的事件驱动机制，编写基于按钮的事件处理程序，实现上述功能。

图 9.1　欢迎信息　　　　　　　　　　图 9.2　感谢信息

 知识准备

9.1.1　JavaScript 简介

1. JavaScript 发展

JavaScript 是 1995 年由美国的 Netscape 公司的布瑞登·艾克(Brenda)为 Navigator 2.0 浏览器的应用而发明的。它是一种基于对象和事件驱动并具有安全性能的脚本语言。所谓"脚本"(Script)，指 JavaScript 不能单独执行，须把 JavaScript 代码嵌入或调入在标准的 HTML 语言中，当用户在客户端的浏览器中显示该网页时，浏览器就会执行 JavaScript 程序。

JavaScript 主要用于在客户端动态地、与用户交互式地完成一些 HTML 文件所不能实现的功能，如页面需要填写并有提交信息的消息框，页面有非常新颖的网页特效等。JavaScript 语言在 Web 技术中有很重要的地位，几乎所有主流浏览器都支持 JavaScript，如 Internet Explorer(IE)、Firefox、Chrome 等。

2. JavaScript 的特点

1) 解释性

不同于 C、C++或 Java 等编译性的程序语言，JavaScript 是一种解释性的程序语言，即它的源代码不须编译，而直接由浏览器执行，因此可以使用任何一种文本编辑器，如记事本、写字板等来编辑 JavaScript 程序。

2) 用于客户端

JavaScript 包含有服务器端应用和客户端应用两个方面，其中客户端的应用更为广泛。

3) 基于对象

JavaScript 是一种基于对象的程序设计语言，它将显示浏览器网页中的任何一种元素，如按钮、文本框等，都作为对象处理，而网页中各元素间的关系，都被描述为各对象的层次结构关系，这种关系被称作文档对象模型(DOM)。

 小提示：

尽管 Java 与 JavaScript 名字相似，但它们却是完全不同的语言。Java 是面向对象的程序设计语言，适合开发安全的、高性能的 Web 应用程序；JavaScript 是嵌入在 HTML 文档中的脚本语言，由浏览器执行，方便实现灵活多变的页面效果。

9.1.2　JavaScript 对象

JavaScript 是一种基于对象(object based)的语言，可以对浏览器及服务器对象灵活控制，从而快速方便地生成网页中的各种对象，并控制这些对象的行为。如 JavaScript 可以操作浏览器、服务器及网页文档中的各种对象，也可以自己定义对象类型，并产生若干实例。

对象包括数据和对数据的操作，在 JavaScript 中，对象中的数据称为属性，操作数据的函数称为方法。JavaScript 中可以使用的对象如下。

(1) 内置对象：JavaScript 预定义的内部对象，如日期(Date)、数学(Math)、串(String)、数组(Array)等。

(2) 浏览器对象(BOM)：由浏览器根据网页内容自动提供的对象，如窗口(window)、框架(frame)、文档(document)、表单(forms)等。

(3) 自定义对象：用户按问题需要自己定义的对象，包括定义对象的属性和方法。

9.1.3　事件驱动机制

网页由浏览器的内置对象组成，例如按钮文本框、单选钮、复选钮、列表、图像等。JavaScript 是基于对象的语言，采用事件驱动(event driven)机制。通常，将鼠标或键盘在网页对象上的动作叫做事件，而由鼠标或键盘引发的一连串程序的动作叫做事件驱动，那么，对事件进行处理的程序或函数称之为事件处理程序。

根据操作方式的不同，把网页中的事件分为鼠标事件、键盘事件和其他事件，下面通过表 9-1、表 9-2、表 9-3 来说明常见的事件名称及意义。

表 9-1　网页中常见的鼠标事件

事　　件	意　　义
onmouseDown	按下鼠标键
onmouseMove	移动鼠标
onmouseOver	鼠标移动到某一个网页对象上
onmouseUp	松开鼠标键
onclick	单击鼠标键

表 9-2　网页中常用的键盘事件

事　　件	意　　义
onkeyDown	按一个键
onkeyUp	松开一个键
onkeyPress	按下然后松开一个键

表 9-3　网页中常用的其他事件

事　　件	意　　义
onfocus	焦点到一个对象上
onblur	从一个对象上失去焦点
onload	载入网页文档
onselect	文本框中选择了文字内容
onchange	文字变化或列表选项变化

　　在网页事件中，有的可以作用在网页很多对象上，有的则只能作用在一些固定的对象上；有的事件可能同时包含其他一些事件，例如 onkeyPress 与 onkeyDown、onkeyUp 事件有时会出现同样的效果；有时用户的一个动作可能会产生许多事件。

　　JavaScript 语言与 HTML 文档相关联主要就是通过事件来完成的，JavaScript 中对象事件的处理通常由函数担任。其基本格式与函数全部一样，可以将前面所介绍的所有函数作为事件处理程序。其格式为：

　　事件＝"函数名( )"；

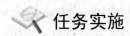 **任务实施**

```
<html xmlns="http://www.w3.org/1999/xhtml">
<head>
<meta http-equiv="Content-Type" content="text/html; charset=utf-8" />
<title>无标题文档</title>
<script language="javascript" type="text/javascript">
function Show()
{
alert("您好，欢迎您!");
}
function ClickMe()
{
alert(" 谢谢!");
}
</script>
</head>
<body onload="Show()">
<input  type="button" name="clickBut" value=" 请点击..." onclick="ClickMe()" />
</body>
</html>
```

任务 9.2　文档对象模型——DOM

任务陈述

　　任务构思与目标：理解文档对象模型(DOM)文档对象模型：节点的分类、属性，通过 JavaScript 访问 HTML 元素。

任务设计：理解 DOM 的工作机制，使用 JavaScript 访问 HTML 节点元素及相关属性。

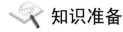 知识准备

9.2.1 DOM 简介

根据 W3C 的定义，DOM(Document Object Model，文档对象模型)是一个独立于浏览器、与平台无关、与语言无关的编程接口，它的应用广泛，大部分 Web 开发的编程语言(比如 Java、Perl、PHP、Ruby、Python 和 JavaScript)都提供了相应的 DOM 实现。W3C 对 DOM 的解释是："文档对象模型(DOM)是一个能够让程序和脚本动态访问和更新文档内容、结构和样式的语言平台，提供了标准的 HTML 和 XML 对象集，并由一个标准的接口来访问并操作它们"。这些接口类似于 Java 接口或者 C++抽象类。它们定义了与对应节点类型相关联的对象、方法和属性。通过 DOM，用户可以利用编程语言编写代码来创建文档，遍历整个文档结构以及修改、添加或者删除文档元素或者元素中的内容。

自从 Google 公司开发了 Gmail(mail.google.com)——一个在线邮件应用程序，它构建于 CSS、XHTML、JavaScript 和 DOM，以及一些 Microsoft 技术的基础上，基于 DOM 的交互开发成了最热门的技术之一，随着浏览器最终支持 W3C 的 DOM，Web 标准将开创一个富应用和用户体验的新时代。

DOM 被分为不同的部分(核心、XML 及 HTML)和级别(DOM Level 1/2/3)。

(1) Core(核心)DOM 定义了一套标准的针对任何结构化文档的对象。

(2) XML DOM 定义了一套标准的针对 XML 文档的对象。

(3) HTML DOM 定义了一套标准的针对 HTML 文档的对象。

由于 DOM Level 1 在当前浏览器版本中获得最广泛的支持，本章只讨论 DOM Level 1 版本的内容。DOM 中的文档具有一种类似于树状的结构，HTML 文档中的所有节点组成了一个文档树(或节点树)。HTML 文档中的每个元素、属性、文本等都代表着树中的一个节点。树起始于文档节点，并由此继续伸出枝条，直到处于这棵树最低级别的所有文本节点为止。

【例 9-1】DOM 树结构代码如下。

```
<html>
  <head> <title> A simple document </title>
  </head>
  <body>
   <table>
    <tr>
    <th>Breakfast</th>
    <td> 0 </td>
    </tr>
     <tr>
      <th> Lunch </th>
    <td> 1 </td>
     </tr>
   </table>
  </body>
</html>
```

上述代码对应的 DOM 树结构如图 9.3 所示。

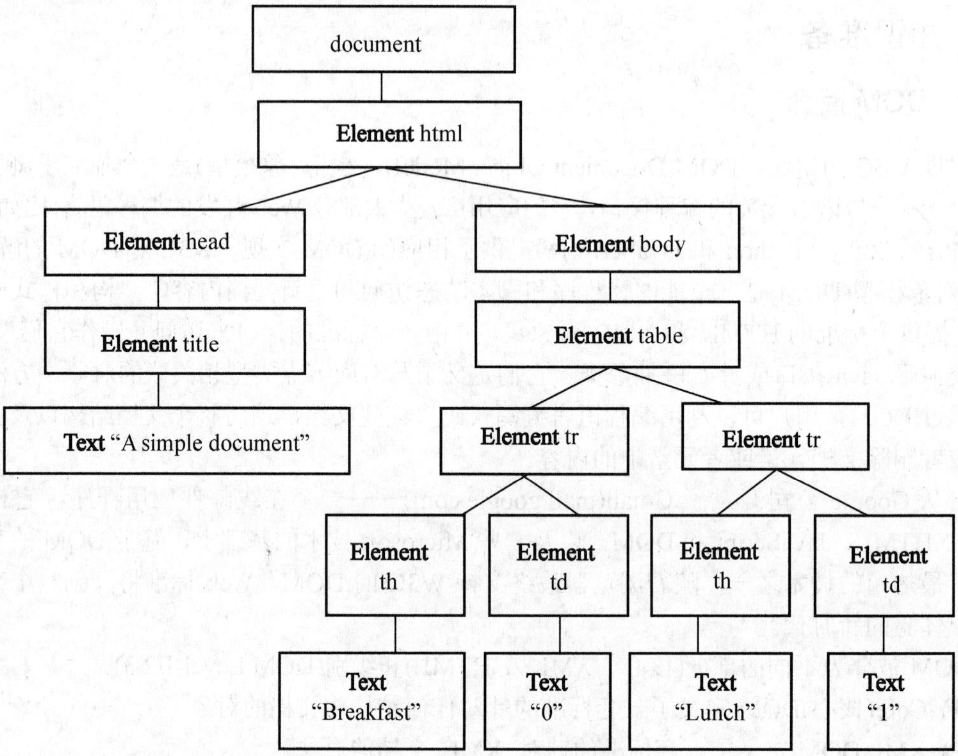

图 9.3　HTML DOM 树

9.2.2　DOM 节点分类

DOM 用树来表示文档，如图 9.3 所示，树中的各个节点表示文档中的各个元素。在 DOM 中，每个容器、独立的元素或文本块都被看做一个节点，如 HTML 文档中的<head>、<title>等节点，这些节点构成了文档。节点有包含关系，如<head>包含了<title>，这种包含关系也被称为父子关系。具体来讲，DOM 节点树中的节点有元素节点、文本节点和属性节点 3 种不同的类型。

1. 元素节点(element node)

在 HTML 文档中，各 HTML 元素如<body>、<p>、<ul>等构成文档结构模型的一个元素对象。在节点树中，每个元素对象又构成了一个节点。元素可以包含其他的元素。

例如：

```
<ul id="order">
<li>First</li>
<li>Second</li>
<li>Third</li>
</ul>
```

【程序分析】所有的列表项元素<li>都包含在无序清单元素<ul>内部。其中节点树中<html>元素是节点树的根节点。

2. 文本节点(text node)

在节点树中，元素节点构成树的枝条，而文本则构成树的叶子。如果一份文档完全由空白元素构成，它将只有一个框架，本身并不包含什么内容。没有内容的文档是没有价值的，而绝大多数内容由文本提供。

例如：

```
<p>Welcome to<em> DOM </em>World! </p>
```

【程序分析】该代码中包含"Welcome to"、"DOM"、"World!"这 3 个文本节点。在 HTML 中，文本节点总是包含在元素节点的内部，但并非所有的元素节点都包含或直接包含文本节点，如上面的代码，<ul>元素节点并不包含任何文本节点，而是包含着另外的元素节点，后者包含着文本节点，所以说，有的元素节点只是间接包含文本节点。

3. 属性节点(attribute node)

HTML 文档中的元素或多或少都有一些属性，便于准确、具体地描述相应的元素，便于进行进一步的操作。

例如：

```
<h1 class="Sample">Welcome to DOM World! </h1>
<ul id="purchases">…</ul>
```

【程序分析】class="Sample"、id="purchases"都属于属性节点。因为所有的属性都放在元素标签里，所以属性节点总是包含在元素节点中。

9.2.3　节点属性

属性一般定义对象的当前设置，反映对象的可见属性，如 checkbox 的选中状态，DOM 文档对象主要有如下重要属性，见表 9-4。

表 9-4　文档对象的属性

节点属性	意　义
nodeName	返回当前节点名称
nodeValue	返回当前节点的值，仅对文本节点
nodeType	返回节点类型
parentNode	引用当前节点的父节点，如果存在的话
childNodes	访问当前节点的子节点集合，如果存在的话
firstChild	对标记的子节点集合中第一个节点的引用，如果存在的话
lastChild	对标记的子节点集合中最后一个节点的引用，如果存在的话
previousSibling	对同属一个父节点的前一个兄弟节点的引用
nextSibling	对同属一个父节点的下一个兄弟节点的引用
attributes	返回当前节点(标记)属性的列表
ownerDocument	指向包含节点(标记)的 HTML document 对象

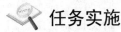 **任务实施**

9.2.4　访问指定节点

DOM 中定义了操作节点的一系列行之有效的方法，让 Web 应用程序开发者真正做到随心所欲地操作 HTML 文档中各个元素对象。

1. HTML、DOM、all 集合

在 DOM 树中，HTML 文档载入时各元素对象都被标注成节点，同时根据浏览器载入的顺序自动分配一个序号；其中，载入浏览器的 HTML 文档会成为 Document 对象，因此，可用 document.all[ ] 对 HTML 页面中的所有元素进行访问。考察如下的实例。

【例 9-2】通过序号访问节点。

```
<html>
<head>
<meta http-equiv=content-type content="text/html; charset=gb2312">
<title>DOM</title>
</head>
<body>
<p>Hello<em> DOM </em></p>
<ul>
<li>Newer</li>
</ul>
<hr>
<br>
<script language="JavaScript" type="text/javascript">
var i,origlength;
//获取 document.all[ ] 数组的长度
origlength=document.all.length;
document.write('document.all.length='+origlength+"<br>");
//循环输出各节点的 tagName 属性值
for(i=0;i<origlength;i++)
{
document.write("document.all["+i+"]="+document.all[i].tagName+"<br>");
}
</script>
</body>
</html>
```

程序运行结果如图 9.4 所示，可以看出浏览器按载入顺序为每个 HTML 元素分配了一个序号来访问对应的元素节点。

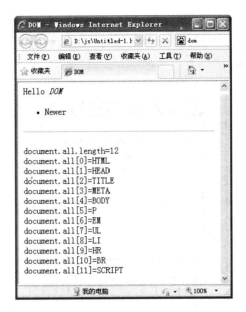

图 9.4　HTML 载入生成的 document.all[ ]数组

下面介绍如何应用 DOM 提供的方法访问页面中指定的元素和属性。

2. getElementById( )方法

使用 getElementById( )方法可以根据指定 id 参数值返回相应的元素节点。元素的 id 属性值是该元素对象在 HTML 文档中的唯一标识，所以 getElementById( )方法是最常用的访问节点的方法，通过一个独一无二的 id 属性值准确定位文档中特定的元素。

该方法是与 document 对象相关联的函数，其语法如下：

```
document.getElementById(id)
```

其中 id 为要定位的对象的 id 属性值。

【例 9-3】使用 getElementById 方法访问节点。

```
<html>
<head>
<meta http-equiv="Content-Type" content="text/html; charset=gb2312" />
<title>getElementById方法</title>
</head>
<body>
<ul id="order">
<li>First</li>
<li>Second</li>
<li>Third</li>
</ul>
<script language="JavaScript" type="text/javascript">
<!--
document.write(typeof document.getElementById("order"));
//-->
</script>
```

```
</body>
</html>
```

运行结果如图 9.5 所示，可以看出 order 的返回类型是一个对象(object)，而不是数值、字符串等。

图 9.5　getElementById( )方法

再看下面的代码：

```
var list=document.getElementById("order");
var items=list.getElementByTagName("*")
var i=items.length;
```

以上语句运行后，items 数组将只包含 id 属性值为 order 的无序清单里的元素，i 返回 3，与列表项元素个数相同。

3. getElementsByTagName( )方法

getElementsByTagName( )方法返回文档里指定标签 tag 的元素对象数组，与上述的 getElementById( )方法返回对象不同，且返回的对象数组中每个元素分别对应文档里一个特定的元素节点(元素对象)。

其语法如下：

```
element. getElementsByTagName(tag)
```

其中 tag 为指定的标签。

【例 9-4】使用 getElementsByTagName 方法访问节点。

```
<html>
<head>
<meta>
<title>getElementsByTagName 方法</title>
</head>
<body>
<ul id="order">
<li>First</li>
<li>Second</li>
<li>Third</li>
</ul>
<script language="JavaScript" type="text/javascript">
```

```
<!--
var items=document.getElementsByTagName("li");
for(var i=0;i<items.length;i++)
{
document.write(item[i].value);
}
-->
</script>
</body>
</html>
```

【程序分析】程序运行效果如图 9.6 所示，上面的例子显示出 getElementsByTagName()方法返回的是对象(object)数组，长度为 3，而不是单个对象。

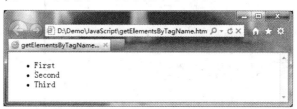

图 9.6　getElementsByTagName( )方法

4. getElementsByName( )方法

有些HTML文档在<form>、<select>等元素节点使用了 name 属性，这时可使用 getElementsByName( )方法来定位元素。由于一个文档中的 name 属性可能不唯一(如 HTML 表单中的单选按钮通常具有相同的 name 属性)，该方法返回的是指定名称 name 的对象集合，其语法如下：

```
Document. getElementsByName(name)
```

其中 name 为指定要定位的元素对象的名字，下面的代码演示其使用方法。

【例 9-5】使用 getElementsByName 方法访问节点。

```
<html>
<head>
<title>getElementsByName</title>
</head>
<body>
   <form>
       <input type="radio" name="sex" value="0" />男
       <input type="radio" name="sex" value="1" />女
   </form>
<script language="JavaScript" type="text/javascript">
<!--
var input=document.getElementsByName("sex");
 document.write(input.length);        // 输出 input 内的元素个数：2
 document.write("  //输出 input 内的元素个数：2<br>"); //输出注释和换行符
 document.write(input.item(0).value);     // 输出 input 内第 1 个元素的 value 值：0
 document.write("  //输出 input 内第 1 个元素的 value 值：0<br>");
//输出注释和换行符
```

```
    document.write(input[0].value);  //input[0]与 input.item[0]等效，输出也是 0
    document.write ("  //input[0]与 input.item[0]等效，输出也是 0"); //
输出注释
    -->
</script>
</body>
</html>
```

程序运行效果如图 9.7 所示，在准确定位到单选按钮元素数组后，可通过 getAttribute( )
方法将它的各种属性值查询出来，甚至可以通过 setAttribute( )方法修改指定节点的属性值。由
于篇幅所限，这些方法不再一一叙述。

图 9.7　getElementsByName( )方法

任务 9.3　JavaScript 典型案例

接下来列举几个典型的例子，以加强读者对 JavaScript 的综合应用。

9.3.1　设计数字钟

英文数字时钟，其中的时间域 time 中的内容会自动随时间而每秒动态改变，显示结果如
图 9.8 所示。

Date:	Dec 21, 2006 (Thu)
Time:	12:50:04

图 9.8　数字时钟(时间与数组例)

实现代码如下：

```
<html>
    <head>
        <title>Digital Clock</title>
        <script language="JavaScript">
            function date() {
             days = new Array("Sun", "Mon", "Tue", "Wed", "Thu", "Fri", "Sat");
             monthes = new Array("Jan", "Feb", "Mar", "Apr", "May", "Jun",
                                 "Jul", "Aug", "Sep", "Oct", "Nov", "Dec");
                now = new Date();
                year = now.getYear();        month = now.getMonth();
```

```
            date = now.getDate();        day = now.getDay();
            dateStr = monthes[month] + " " + date + ", " + year + " (" +
days[day] + ")";
            document.clock.date.value = dateStr;
        }
        function time() {
            now = new Date();                hours = now.getHours();
            minutes = now.getMinutes();      seconds = now.getSeconds();
            timeStr = "" + hours;
            timeStr += ((minutes < 10) ? ":0" : ":") + minutes;
            timeStr += ((seconds < 10) ? ":0" : ":") + seconds;
            document.clock.time.value = timeStr;
        }
        setInterval("time()", 1000); // 循环每秒定时调用
    </script>
    </head>
    <body onLoad="date(); time();">
        <form name=clock>
            Date:<input type="text" name="date" size="18" value=""> <br/>
            Time:<input type="text" name="time" size="8" value=""> <br/>
        </form>
    </body>
</html>
```

9.3.2　动态改变超链接样式

　　一些网页中为了突出超链接被选中时的状态，需要设置超链接的背景颜色，以使超链接更具有焦点性。本实例实现了当鼠标移动到超链接时，超链接的背景颜色为红色，当鼠标移出超链接时，将超链接背景颜色设置为白色。实现方法是应用超链接样式中的 backgroundColor 属性修改超链接的前景颜色，效果如图 9.9 所示。

图 9.9　改变超链接背景颜色

　　代码如下：

```
<html >
```

```
<head>
<script language="javascript">
function setbackcolor1()
{
    aa.style.backgroundColor="#FF0000";
}
function setbackcolor2()
{
    aa.style.backgroundColor="#FFFFFF";
}
</script>
<title>改变超链接背景颜色</title>
</head>
<body vlink="#FFFFFF">
<a name="aa" href="http://hello123.35free.net" onmousemove="setbackcolor1();"
onmouseout="setbackcolor2();" style="text-decoration:none; font-size:18px; color:
#000000;">Web 技术</a>
</body>
</html>
```

9.3.3　JavaScript 对话框的使用

常见的对话框有 3 种：警告框、确认框和提示框。

1. 警告框

警告框使用 Window 对象的 alert( )方法产生，用于将浏览器或文档的警告信息传递给客户，确认框上面只有一个【确定】按钮。下面是警告框的一个简单示例：

```
<html>
    <head>
        <title>警告框示例</title>
    </head>
    <body>
        <script>
            var user="亲爱的客户！  ";
            var welcome="欢迎您下次光临本站！";
            alert("\n 您好！  " + user+ "\n"+ welcome + "\n");
        </script>
    </body>
</html>
```

代码运行效果如图 9.10 所示。

图 9.10　警告框示例

2. 确认框

确认框使用 Window 对象的 confirm( )方法产生,用于将浏览器或文档的信息(如表单提交前的确认等)传递给客户。该方法产生一个带有短字符串消息和【确定】、【取消】按钮的模式对话框,提示客户选择单击其中一个按钮表示同意该字符串消息与否,【确定】按钮表示同意,【取消】按钮表示不同意,并将客户的单击结果返回。下面是确认框的一个简单示例:

```html
<html>
    <head>
        <title>确认框示例</title>
    </head>
    <body>
        <script>
        var user="亲爱的客户！ ";
        var question="您要离开本站吗？";
        var answer=confirm("\n您好！ " + user+ "\n"+ question + "\n");
        if(answer==true)
        alert("\n 客户确认信息 : \n\n"+" 确认离开!");
        else
        alert("\n 客户确认信息 : \n\n"+" 不, 再待一会儿!");
        </script>
    </body>
</html>
```

代码运行后,弹出的确认框如图 9.11 所示。

若单击【确定】按钮,将弹出警告框,如图 9.12 所示。

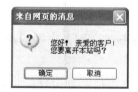

图 9.11　确认框示例　　　　　　　　　图 9.12　单击【确定】按钮,弹出警告框

若单击【取消】按钮或直接关闭该确认框,将弹出警告框,如图 9.13 所示。

图 9.13　单击【取消】按钮或直接关闭确认框,弹出警告框

3. 提示框

提示框使用 Window 对象的 prompt( )方法产生,用于收集客户关于特定问题而反馈的信息,该方法产生一个带有短字符串消息的问题和【确定】、【取消】按钮的模式对话框,提示客户输入上述问题的答案并选择单击其中一个按钮表示确定还是取消该提示框。如果客户单击了【确定】按钮则将该答案返回,若单击了【取消】按钮或者直接关闭则返回 null 值。如下面的例子所示。

```
<html>
    <head>
        <title>确认框示例</title>
    </head>
    <body>
        <script>
            var answer=prompt("算术运算题目 : 1+2 = ?","");
            if(answer==3)
            alert("\n 算术运算结果 : \n\n"+"恭喜您,你的答案正确! ");
            else if(answer==null)
            alert("\n 算术运算结果 : \n\n"+"对不起,您还没作答! ");
            else
            alert("\n 算术运算结果 : \n\n"+"对不起,您的答案错误! ");
        </script>
    </body>
</html>
```

程序运行后，弹出提示框，如图 9.14 所示。

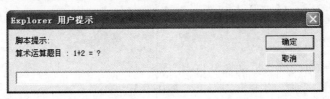

图 9.14　提示框示例

如果在上述提示框填入正确结果 "3"，并单击【确定】按钮，则弹出警告框，如图 9.15 所示。

如果在上述提示框输入错误的答案，并单击【确定】按钮，则弹出警告框，如图 9.16 所示。

图 9.15　输入正确结果时弹出警告框　　　　图 9.16　输入错误结果时弹出警告框

如果在上述提示框中单击【取消】按钮或直接关闭，则弹出警告框，如图 9.17 所示。

图 9.17　单击【取消】按钮或直接关闭时弹出警告框

9.3.4　状态栏文字滚动显示

在静态的页面中设置一个动态的状态栏信息，就会使页面更加吸引人。本例使用 JavaScript 设置状态栏文字滚动显示。

```html
<html>
<head>
<title>状态栏文字滚动显示 </title>
<script language="JavaScript">
var scrtxt="状态栏文字滚动显示!";
var lentxt=scrtxt.length;
var width=100;
var pos=1-width;
 function scroll()
 { pos++;
 var scroller="";
  if (pos==lentxt)
  {
   pos=1-width;

  }
  if (pos<0)
   {
      for (var i=1; i<=Math.abs(pos); i++)
      {
          scroller=scroller+" ";
      }
 scroller=scroller+scrtxt.substring(0,width-i+1);
  }
  else
  {
  scroller=scroller+scrtxt.substring(pos,width+pos);
  }
  window.status = scroller;
  setTimeout("scroll()",150);
  }
</script>
</head>
<body onLoad="scroll();return true;">
  <center>状态栏文字滚动显示 </center>
</body>
</html>
```

【程序分析】字符串 scrtxt 是要在状态栏中显示的信息；调用函数 scroll( )本身，每隔一个小间隔时间，字符偏移一个位置，这样就构成了一个类似跑马灯的文字滚动效果。运行效果如图 9.18 所示。

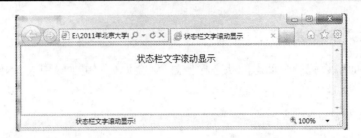

图 9.18　状态栏文字滚动显示示例

9.3.5　检查表单元素是否为空

在动态网站开发时，经常会遇到要求数据表中所有字段均不为空的情况，这就要求程序员在开发网站时，对用户输入的空数据加以控制，也就是要求表单中全部输入均不允许为空。本例将介绍一个简单、快捷的方法：利用循环语句进行判断。运行本实例，单击【保存】按钮时，将弹出图 9.19 所示的对话框。

图 9.19　检查表单元素是否为空

要实现检查表单元素是否为空，可以通过循环语句和 form 对象的相关属性进行判断，form 对象数组 elements 有几个属性，其中 value 属性代表表单元素的值，name 属性代表指定表单元素的名称，title 属性代表表单元素的标题。

实现方法如下。

(1) 应用 JavaScript 编写检查表单元素是否为空的函数 check( )，该函数只有一个参数 Form，用于指定要进行检查的表单对象，无返回值。

(2) 在页面中添加所需的表单及表单元素，在【保存】按钮的 onClick 事件中调用 check( ) 函数判断表单元素是否为空，注意一定要将当前表单作为参数传递到 check( ) 函数中。

关键代码如下。

```
<html>
<head>
<title>检查表单元素是否为空</title>
<script language="javascript">
```

```
function check(Form){        //检查表单元素是否为空
    for(i=0;i<Form.length;i++){
        if(Form.elements[i].value == ""){
            alert(Form.elements[i].title + "不能为空!");
            Form.elements[i].focus();
            return;
        }
    }
    Form.submit();
}
</script>
</head>
<body>
<form name="form1" method="post" action="">
留言人:
<input name="author" type="text" id="author" size="30" title="留言人">
<br />Email:
<input name="email" type="text" id="email" size="72" title="Email 地址"><br/>
留言内容: <br />
<textarea name="content" cols="70" rows="10" class="wenbenkuang" title="留
言内容" id="content"></textarea><br />
<input name="Submit" type="button" class="btn_grey" value="保存"
onClick= "check(form1)">
<input name="Submit2" type="reset" class="btn_grey" value="重置">
</form>
</body>
</html>
```

9.3.6　图片循环滚动效果

在设计个人网站时,通常需要同时考虑页面的美观程度和打开速度,如果把需要展示的图片进行连续循环显示,不仅可以提高页面打开速度,还可以使页面显得简洁美观。

```
<HTML><HEAD><TITLE>连续图片循环滚动效果</TITLE>
<META http-equiv=Content-Type content="text/html; charset=gb2312">
</HEAD>
<BODY leftMargin=0 topMargin=2 marginheight="0" marginwidth="0">
<CENTER>
<TABLE style="BORDER-RIGHT: #666666 1px solid; BORDER-TOP: #666666 1px solid;
BORDER-LEFT: #666666 1px solid; BORDER-BOTTOM: #666666 1px solid" cellSpacing=0
cellPadding=0 width=750 align=center border=0>
    <TR>
<TD>
<!--图片的显示与隐藏-->
<DIV id=div1 style="OVERFLOW: hidden; WIDTH: 100%; COLOR: #ffffff">
    <TABLE cellSpacing=0 cellPadding=0 align=left border=0 cellspace="0">
      <TR>
        <TD id=td1 vAlign=top>
        <table width="1710" height="116" border="0" cellpadding="0" cellspacing="0">
          <tr>
            <td width="171" background="1.jpg"></td>
```

```
                    <td width="171" background="2.jpg"></td>
                    <td width="171" background="3.jpg"></td>
                    <td width="171" background="4.jpg"></td>
                    <td width="171" background="5.jpg"></td>
                    <td width="171" background="6.jpg"></td>
                    <td width="171" background="7.jpg"></td>
                    <td width="171" background="8.jpg"></td>
                    <td width="171" background="9.jpg"></td>
                    <td width="171" background="10.jpg"></td>
                </tr>
            </table>
            </TD>
<TD id=td2  valign=top> </TD></TR></TABLE>
</DIV>
<!--创建了一个move()函数，用于实现图片滚动，滚动的时间用 n 的值来控制，n 的值越大，图片
滚动速度越快-->
<SCRIPT language="javascript">
var n=5     //控制滚动时间，数值越大图片滚动得越快
td2.innerHTML=td1.innerHTML
var Mycheck;
function move()
{
    if(td2.offsetWidth-div1.scrollLeft<=0)
        div1.scrollLeft-=td1.offsetWidth
    else
    {div1.scrollLeft++}
    Mycheck=setTimeout(move,n)
}
div1.onmouseover=function() {clearTimeout(Mycheck)}
div1.onmouseout=function() {Mycheck=setTimeout(move,n)}
move();
</SCRIPT>
</TD>
</TR></TABLE>
</CENTER>
</BODY>
</HTML>
```

程序运行结果如图 9.20 所示。

图 9.20　图片循环滚动效果示例

小 结

本章主要介绍 JavaScript 的基础知识、JavaScript 基于对象的编程语言特点、JavaScript 对象、事件驱动机制，并列出几个 JavaScript 网页设计经典案例，读者可以举一反三，应用到自己的网页设计动态效果制作中。

 知识延伸：

读者可以通过这些学习资源去更深入地学习 JavaScript 相关知识。

W3C 有关 JavaScript 标准及语法的学习网站：http://www.w3school.com.cn/js/

重 要 术 语

脚本语言　　　　　　面向对象(Object-oriented)　　　　基于对象(Object-based)

事件驱动机制　　　　文档对象模型(DOM)　　　　　　浏览器对象(BOM)

自 我 测 试

上机实践

1．编写一个函数，在页面上输出 1～1000 之间所有能同时被 2、5、9 整除的整数，并要求每行显示 5 个这样的数。

2．使用内置对象在页面中显示当天日期。

3．编写 JavaScript 程序，通过添加脚本在页面中显示动态时间。

4．编写 JavaScript 程序，在页面上弹出警示框。

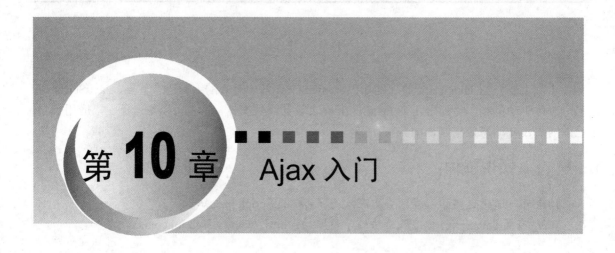

第 **10** 章　Ajax 入门

　学习目标

知识目标	技能目标
(1) 了解 Ajax 技术的概念 (2) 理解 Ajax 的异步处理机制 (3) 掌握 Ajax 的实现过程 (4) 了解轻量级数据交互格式：JSON (5) 了解企业中技术验证过程	(1) 能正确和清晰地定义 Ajax 技术 (2) 能运用 Ajax 的实现过程知识熟练创建、开发 Ajax 应用程序 (3) 能初步综合运用 Ajax 和 Json 知识创建、开发应用程序 (4) 通过综合案例能掌握企业中技术验证过程流程

　章节导读

　　在 Web 2.0 的时代，Ajax 作为 Web 2.0 的核心技术之一，已经变成开发人员经常讨论的技术话题之一，更是 B/S 项目中不可或缺的技术。基于 Ajax 的互联网应用程序极大程度地改变了系统的前端交互模式。从技术本质来讲，Ajax(Asynchronous JavaScript and XML)不是一门新的技术，而是多种技术的综合，它使用 XHTML 和 CSS 标准化呈现，使用 DOM 实现动态显示和交互，使用 XML 和 Text 进行数据交换与处理，使用 XMLHttpRequest 对象进行异步数据读取，使用 JavaScript 绑定和处理所有数据。

任务 10.1　Ajax 技术的工作机制

　任务陈述

　　任务构思与目标：运用 Ajax 技术，实现模拟青岛城市天气预报的功能，运行效果如图 10.1 所示。

　　任务设计：理解 Ajax 异步工作机制，运用 Ajax 的实现过程知识，模拟设计城市天气预报功能。

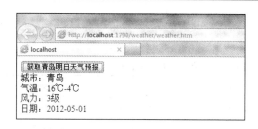

图 10.1 城市天气预报

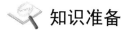 知识准备

10.1.1 Ajax 技术简介

1. Ajax 技术的引入

在互联网应用时代,用户体验的好坏直接决定着产品的成败。读者一定在不同程度中直接或者间接地遇到过下面的场景。

(1) 当单击页面的一个操作时,服务器在处理请求的时候,用户多数时间处于等待的状态,屏幕内容也是一片空白(也就是经常见到的浏览器"假死")。

(2) 当在一个购物网站中,把一个刚刚选中的物品加入到购物车时,然后通过页面刷新来更新购物车的数量,却又被带回到购物网站的首页。

(3) 当在某个大型门户网站上注册个人信息,在输入完成所有的信息后,单击"提交"按钮,系统提示"用户名重复"信息,然后页面被刷新,所有的信息需要重新输入。

Outlook Web Access 是第一个应用了 Ajax 技术的成功的商业应用程序,并成为包括 Oddpost 的网络邮件产品在内的许多产品的领头羊。2005 年初,Google 在它著名的交互应用程序中使用了异步通讯,如 Google 讨论组、Google 地图、Google 搜索建议、Gmail 等。

Ajax 不是一门新的技术,是异步 JavaScript 与 XML(Asynchronous JavaScript and XML)的简称,是 JavaScript、CSS、DOM、XmlHttpRequest 这 4 种技术的集合体,主要应用于异步获取后台数据和局部刷新。可以理解为老技术,新技巧。

从 Ajax 的定义中能看到如下特征。

(1) 向服务器请求数据时,不用刷新页面即可实现内容的动态更新。

(2) 使用 JavaScript 来完成交互过程,帮助改进与服务器应用程序的通信。

(3) 使用 XML 作为数据传输的格式。

2. 浏览器的同步、异步机制

传统的 Web 应用模型工作起来如图 10.2 左部所示,大部分界面上的用户动作触发一个连接到 Web 服务器的 HTTP 请求。服务器完成一些处理:接收数据、处理计算,再访问其他的数据库系统,最后返回一个 HTML 页面到客户端。这是一个同步交互的模式,自采用超文本作为 web 使用以来,一直都这样用。

与传统的 Web 应用不同,Ajax 采用异步交互过程,如图 10.2 右部所示,Ajax 在用户与服务器之间引入一个中间层,从而消除了网络交互过程中的处理—等待—处理—等待缺点。用户的浏览器在执行任务时即装载了 Ajax 引擎。Ajax 引擎用 JavaScript 语言编写,通常藏在一个隐藏的框架中。它负责编译用户界面及与服务器之间的交互。Ajax 引擎允许用户与应用软件之间的交互过程异步进行,独立于用户与网络服务器间的交流。现在,可以用 JavaScript 调用 Ajax 引擎来代替产生一个 HTTP 的用户请求动作,内存中的数据编辑、购物车数量的更新、数据校验这些不需要重新载入整个页面的需求功能，都可以交给 Ajax 来执行，从而带来好的用户体验。

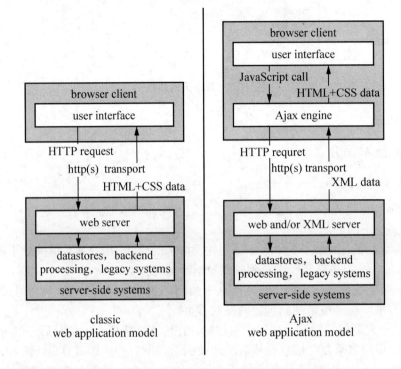

图 10.2　传统 Web 和 Ajax 请求处理过程的区别

在传统的 Web 应用模型中，当一个用户向服务器发送第一个请求后，用户需要等待服务器处理完成并返回给客户端后，用户才可以发送第二个请求，浏览器和服务器的详细工作流程如图 10.3 所示。

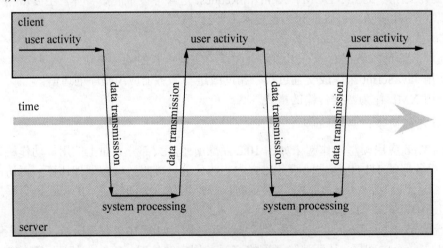

图 10.3　传统 Web 请求处理过程

在采用 Ajax 异步交互过程时，当一个用户向服务器发送请求后，用户无须等待第一个请求执行完成后才发送第二个请求，而是浏览器和服务器是异步进行，工作流程如图 10.4 所示。

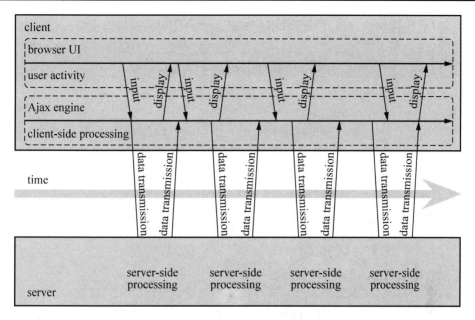

图 10.4　Ajax 请求处理过程

10.1.2　Ajax 的实现过程

通过对 Ajax 异步模式的学习和理解，下面就来一步一步地剖析 Ajax 的实现过程。

1. 核心对象——XMLHttpRequest

Ajax 技术除需要当前浏览器的 Ajax 引擎支撑外，另一个主角是 JavaScript，客户端的应用程序通过 JavaScript 和服务端完成异步的处理过程。

JavaScript 是一个基于对象的脚本语言，常见的内置对象有 String( )、Math( )和 Date( )，所以当要使用一个对象的方法或者属性时，就必须去创建这个对象的一个实例(这个过程称为初始化或者实例化)。

IE 首先引入了 XMLHTTP 的 ActiveX 对象来完成这一任务。如果想发送 Ajax 请求，就必须首先初始化 XMLHTTP 对象。

【例 10-1】在 IE 中创建一个 XMLHttpRequest 的实例对象。

```
var httpRequest = new ActiveXObject("Microsoft.XMLHTTP");
```

在浏览器这个大家族中，其他的浏览器，如 Firefox、Safari、Opera、Chrome 等也纷纷实现了类似的 XMLHttpRequest 对象来模拟 IE 的 XMLHTTP 的各种行为。

【例 10-2】在其他浏览器中创建一个 XMLHttpRequest 的实例对象。

```
var httpRequest = new XMLHttpRequest();
```

小提示：

Microsoft 从 Internet Explorer 5 开始就支持 XMLHttpRequest 对象了。

　　JavaScript 代码在客户端执行，所以不能够确定用户使用的浏览器类型，有可能是 IE，也有可能是 FireFox。所以需要提供一个跨浏览器的方案来创建 XMLHttpRequest 对象。

【例 10-3】创建一个跨浏览器的 XMLHttpRequest 的实例对象。

```
function createRequest() {
    var httpRequest;
    if (window.XMLHttpRequest) {  // Firefox, Safari, Chrome…
        httpRequest = new XMLHttpRequest();
    } else if (window.ActiveXObject) {  // IE
        httpRequest = new ActiveXObject("Microsoft.XMLHTTP");
    }
    return httpRequest;
}
```

 知识延伸：

　　为了创建更安全的 XMLHttpRequest，可以在跨浏览器的脚本中添加 try{}catch(error){}来捕获和处理异常。

2. 发送 Ajax 请求到服务端

　　在 Web 程序中，通过 Http 请求传递数据的常见方式有 POST 和 GET。在 Ajax 中通过调用 XMLHttpRequest 对象的 open 和 send 方法来完成向服务端发送请求的操作。

```
open(method, url, asynchronous)
```

【程序参数分析】

(1) method：发送 HTTP 的方法(GET，POST)，方法名必须大写。

(2) url：请求的 URL 地址。(安全限制，必须请求本域名下的页面。)

(3) asynchronous：是否异步请求(false 将会阻塞 JavaScript 的执行)。

```
send(data)
```

【程序参数分析】

(1) 当请求方法为 POST 时，data 表示发送到服务器的数据，

参数格式(username=zhangsan&password=12345)。

(2) 当请求方法为 GET 时，直接设置 data 为 null，

这里可以调用创建的 XMLHttpRequest 方法来实现向服务端发送异步的 HTTP 请求：

var httpRequest = createRequest();

httpRequest.open('GET', '/login.aspx', true);

httpRequest.send(null);

【例 10-4】GET 请求如下所示。

```
<input type="button" value="向服务端发送 GET 请求" onclick="AJAXGet();" />
    function AJAXGet() {
        var httpRequest = createRequest(); //  创建对象
```

```
        httpRequest.open('GET','./result.ashx?username=terry &sex=M&age=
26', true);
        httpRequest.send(null);
    }
```

【例 10-5】POST 请求如下所示。

```
<input type="button" value="向服务端发送 POST 请求" onclick="AJAXPost();" />
    function AJAXPost() {
        var httpRequest = createRequest();
        httpRequest.open('POST', './result.ashx', true);
        httpRequest.setRequestHeader('Content-Type', 'application/x-www-form-
urlencoded');
        httpRequest.send('username=terry &sex=M&age=26');
    }
```

 小提示：

在发送 POST 请求时，必须要修改 HTTP 消息头：httpRequest.setRequestHeader('Content-Type', 'application/x-www-form-urlencoded');　否则，发送的数据不会被服务器接收。

POST 是通过 HTTP post 机制，将表单内各个字段与其内容放置在 HTML Header 内一起传送到 ACTION 属性所指的 URL 地址，用户看不到这个过程。POST 传递的数据量大，此行为较为安全。例如，处理订货表单、在数据库中加入新数据行等。

GET 是把参数数据队列加到提交表单的 ACTION 属性所指的 URL 中，值和表单内各个字段一一对应，在 URL 中可以看到。GET 传递的数据量小，并直接暴露给用户。例如，关键字查询、列表页面的分页显示等。

3. 处理 Ajax 响应

在上一小节中，无论是调用 GET 或者 POST 的方式发送 Ajax 请求，都要能接收 HTTP 响应，这是通过向 XMLHttpRequest 的实例注册回调函数完成的。

```
var request = createRequest();
request.onreadystatechange = function() { };  //匿名回调函数
```

在回调函数中，首先需要检查 HTTP 响应的状态：

```
request.onreadystatechange = function() {
    if (request.readyState == 4) {
        alert('Ajax Complete!');
    }
    else {
        // 请求未结束
    }
};
```

其中，readyState 可以取如下值。

0：未初始化，XMLHttpRequest 对象已经创建，但尚未初始化(还没有调用 open 方法)。

1: 已经调用 send 方法，正在发送 HTTP 请求。

2: send 方法调用结束，已经接收到全部 HTTP 响应消息。

3: 正在解析响应内容，但状态和响应头还不可用。

4: 完成。

【例 10-6】观察 XMLHttpRequest 请求的几种状态。

客户端：

```
var startTime = new Date();
var request = createRequest();
request.onreadystatechange = function() {
    document.getElementById('result').innerHTML +=
            'elapsed: ' + (new Date() - startTime) +
            " readyState: " + request.readyState + '<br/>';
};
```

为了更清楚地看到状态的变化，可以在服务端添加部分代码，让请求响应延迟。

服务端：

```
protected void Page_Load(object sender, EventArgs e)
{
    System.Threading.Thread.Sleep(1000); // 延迟 1 秒钟
    Response.Write("Hello Ajax!");
    Response.End();
}
```

通过上面的例子可以清楚地观察到请求处理的详细过程和状态码，如图 10.5 所示。但是，在 Ajax 的回调函数中，要确认一个 Ajax 请求是否正确无误地完成，需要做如下两个验证工作。

(1) 确认 XMLHttpRequest 响应状态为 4。

(2) 确认 HTTP 响应状态码为 200。

```
向服务器发送 GET 请求
elapsed: 0 readyState: 1
elapsed: 0 readyState: 1
elapsed: 1015 readyState: 2
elapsed: 1015 readyState: 3
elapsed: 1015 readyState: 4
```

图 10.5　XMLHttpRequest 的请求状态

【例 10-7】正确的回调函数代码如下。

```
req.onreadystatechange = function() {
        if (req.readyState == 4) {
            if (req.status == 200) {
                alert('消息正文：' + req.responseText);
            }
        }
    };
```

深入学习：

常见的 HTTP 响应状态码如下。

(1) 200: 表示服务器成功接受了客户端请求，并且请求资源已经放在应答消息的正文返回给浏览器。

(2) 404: 请求的资源在服务器未找到。

(3) 500: 服务器运行错误。

(4) 304: 请求的资源没有改变，浏览器需要从自身缓存中读取此资源，此时应答消息的正文为空。

通过本章节中的讲述概念和代码示例，可以正确地判断什么是正确的 Http 响应。

XMLHttpRequest 提供了两个属性来获取响应消息的内容。

(1) req.responseText：将响应消息作为字符串返回。

(2) req.responseXML：将响应消息作为 XML 文档返回，这样就可以使用 DOM 函数来解析返回的内容。

 任务实施

目前为止，已经一步一步地讲解了 Ajax 的基本原理和过程，并提供相关的代码片段，现在来分析完成一个 Ajax 项目的基本步骤。

(1) 创建一个基本的 HTML 页面。

(2) 使用 JavaScript 去创建 XMLHttpRequest 对象。

(3) 服务端处理程序来提供响应内容 JSP、ASP.NET、PHP 等。

(4) 利用 Callback 回调函数去处理响应的内容。

10.1.3　模拟天气预报

HTML 页面代码如下。

```html
<html xmlns="http://www.w3.org/1999/xhtml">
<head>
    <title>天气预报</title>
</head>
<body>
    <input type="button" value="获取青岛明日天气预报"
onclick=" AJAXPOST('qingdao');" /> <!--单击按钮来调用Ajax方法-->
<!--定义容器来显示程序的结果-->
<div id="result">
    </div>
</body>
</html>
```

客户端创建 XMLHttpRequest 对象代码如下：

```javascript
<script type="text/javascript">
     function createRequest() {
```

```
        var req; // 声明请求对象
        if (window.XMLHttpRequest) {
            req = new XMLHttpRequest();
        } else if (window.ActiveXObject) { // IE
            req = new ActiveXObject("Microsoft.XMLHTTP");
        }
        return req;
    }

    function AJAXPOST(city) {
        var req = createRequest();
        // 回调函数的代码位置
        req.open('POST', './weather.aspx', true);
        req.setRequestHeader('Content-Type', 'application/x-www-form- urlencoded');
        req.send('city=' + city); // 发送请求
    }
    </script>
```

服务端代码如下：

```
protected void Page_Load(object sender, EventArgs e)
    {
        string city = Request["city"];
        if (city == "qingdao") // 模拟天气情况的数据
        {
            // 构造客户端可以解析的数据和格式
            Response.Write("青岛||16℃-4℃||3级||2012-05-01");
            Response.End();
        }
    }
```

客户端回调函数代码如下：

```
    function AJAXPOST(city) {
        req.onreadystatechange = function() {
            if (req.readyState == 4) {
                if (req.status == 200) { // 解析并呈现数据
                    var weatherArray = req.responseText.split('||');
                    document.getElementById('result').innerHTML = '城市：' +
weatherArray[0] + '<br/>'
                        + '气温：' + weatherArray[1] + '<br/>'
                        + '风力：' + weatherArray[2] + '<br/>'
                        + '日期：' + weatherArray[3];
                }
            }
        };
    }
```

现在把上面 4 个部分的代码放到项目方案中，把这个项目命名为 Weather，然后执行这个项目，运行效果如图 10.1 所示。

小提示：

如果服务端采用 XML 的方式来存放响应的数据，则在服务端的代码中设置 Response. ContentType = "text/xml"；而不是默认的 text/html。另外，由于各个浏览器在解析和渲染 JavaScript、HTML 和 CSS 中存在不少差异，建议在 IE 中调试本例。

任务 10.2　JSON 在模拟天气预报中的使用

任务陈述

任务构思与目标：在任务 10.1 实现的基础上，使用 JSON 轻量级的数据交换格式模拟天气预报。

任务设计：用 JSON 轻量级的数据交换格式，结合 Ajax 技术模拟天气预报。

知识准备

1. Ajax 和 JSON

众所周知，XML 是各种平台或者协议中交换数据的标准。跨平台共享数据都会采用 XML 或者二进制的方式。但是，在大多数情况下 JSON 作为 Ajax 的数据交换格式而不是 XML，这是因为相比于 XML，JSON 有一些明显的优点：语法更简单，数据传输量更少，可以有效地节省带宽，提高传输效率。JavaScript 解码 JSON 数据效率高，并且非常容易。

```
var myObj = eval('(' + myJSONtext + ')');
```

2. JSON 基础

JSON (JavaScript Object Notation) 是一种轻量级的数据交换格式，易于人阅读和编写，同时也易于机器解析和生成。

JSON 构建于两种结构。

(1) "名称/值" 对的集合。

(2) 值的有序列表(数组)。

一个典型的、表示一个人信息的 JSON 数据如下：

```
{
    name: "terry",
    sex: "M",
    age: 23,
    friends:[
        { name: "lily", sex: "W"},
        { name: "kevin", sex: "M"}
    ]
}
```

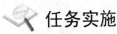 **任务实施**

3. JSON 在模拟天气预报时的使用

只需要将服务端和回调函数的代码稍作调整即可。

服务端代码如下：

```
protected void Page_Load(object sender, EventArgs e)
    {
        string city = Request["city"];
        if (city == "qingdao")
        {
            Response.Write("['青岛','16℃-4℃','3级','2012-05-01']");
            Response.End();
        }
    }
```

客户端回调函数代码如下：

```
req.onreadystatechange = function() {
        if (req.readyState == 4) {
            if (req.status == 200) {
                var json = eval('(' + req.responseText + ')');
                document.getElementById('result').innerHTML = '城市: ' +
json[0] + '<br/>'
                    + '气温: ' + json[1] + '<br/>'
                    + '风力: ' + json[2] + '<br/>'
                    + '日期: ' + json[3];
            }
        }
    };
```

 经验之谈：

通过 JSON 在模拟天气预报项目中的使用，可以注意到未使用 JSON 格式来传输数据的程序 bug。Response.Write("青岛||16℃-4℃||3级||2012-05-01")；如果当城市的名字中包含了"||"，客户端的 Ajax 程序就不能正确地解析城市名字，程序就出错了。所以，在项目中尽可能采用 JSON 格式来传输数据。

任务 10.3 案　　例

现在，让 Ajax 利器出鞘，一起进入"企业级"项目案例。

10.3.1　用户名自动验证

需求功能描述：在用户注册页面，用户输入希望注册的用户名，失去焦点时 Ajax 回发服务器判断用户名是否已经注册，并给出提示。现在一起来看程序员网站：博客园(cnblogs.com)的注册页面，如图 10.6 所示。

图 10.6　博客园的注册页面

动手实战完成一个类似博客园的登录验证用户名的功能。在开始这个案例之前，先回顾前面总结的完成一个 Ajax 程序的 4 个必要步骤。为了更清晰地理解案例的需求、页面的呈现、方法调用等，先查看图 10.7 所示的程序调用关系。

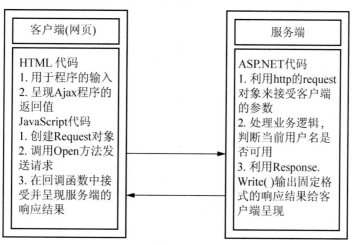

图 10.7　程序调用关系图例

客户端代码如下：

```
<html xmlns="http://www.w3.org/1999/xhtml">
<head>
    <title>用户名自动验证</title>
    <script type="text/javascript">
    // 创建 Ajax 的核心对象 HttpRequest
function createRequest() {
        var req;
        if (window.XMLHttpRequest) {
            req = new XMLHttpRequest();
        } else if (window.ActiveXObject) {
            req = new ActiveXObject("Microsoft.XMLHTTP");
        }
        return req;
    }
```

```
        // 完成用户名检测的核心方法
        function checkUsername() {
                // 获取当前用户输入用户名的对象
            var username = document.getElementById("username");
            if (username.value == "") {
                return;
            }
            var req = createRequest();
            req.onreadystatechange = function() {
                if (req.readyState == 4) {
                    if (req.status == 200) { // 请求成功，更新对应的结果
                        var json = eval('(' + req.responseText + ')');
                        document.getElementById('username_tip').innerHTML = json
["message"];
                        document.getElementById('username_tip').style.color = json
["color"];
                    }
                }
            };
            // 发送 POST 请求
            req.open('POST', './CheckUserName.aspx', true);
            req.setRequestHeader('Content-Type',
'application/x-www-form-urlencoded');
            req.send('username=' + username.value);
        }
    </script>
</head>
<body>
    <label for="username">
        用户名: </label>
    <input type="text" id="username" name="username" tabindex="1" onblur=
"checkUsername();" />
    <span id="username_tip"></span>
    <br />
    用户名失去焦点即开始 Ajax 回发，如果账号是"Terry","Kevin"的话，会提示账号已经存在。
</body>
</html>
```

服务端代码如下：

```
protected void Page_Load(object sender, EventArgs e)
    {
        // 获取客户端的请求
        string username = Request["username"];
        switch (username)
        {
            case "Terry":
                Response.Write("{'color':'red','message':'Terry 已经存在，请
另行选择！'}");
```

```
                        Response.End();
                        break;
                case "Kevin":
                        Response.Write("{'color':'red','message':'Kevin 已经存在，请
另行选择！'}");
                        Response.End();
                        break;
                default:
                        Response.Write("{'color':'green','message':'" + username +
"可用'}");
                        Response.End();
                        break;
            }
        }
```

执行程序，运行结果如图 10.8 所示。

图 10.8　用户名自动验证效果

 经验之谈：

浏览器都会对客户端的请求进行缓存，在使用 GET 的方式中，使用相同的 URL 地址去请求服务端的资源的时候，浏览器就会很友好地从客户端缓存读取。在很多场景下，希望 Ajax 程序每次从服务端获取最新的内容。一个跨浏览器的方案即可实现。req.open('GET', './Check UserName.aspx?rand = Math.random( )', true); 这个方法通过给请求的 URL 后面添加一个随机数作为参数来"欺骗"浏览器，让它认为每次都是一个新的请求。

10.3.2　自定义编辑框

在完成第一个案例项目—用户名自动验证后，读者一定对 Ajax 程序有了较深刻的理解，同时对代码的熟悉程度也在提升。接下来学习 Google 公司的一个产品，看看它是如何使用 Ajax 技术的。

iGoogle 是 Google 提供的一项服务。该服务让使用者按照个人的喜好方便地定制和整合不同来源的信息，使之成为个性化的门户。该服务的实现主要借鉴了门户(Portal)与门户块(Portlet)思想：一个完整的门户页面由用户定制的门户块构成。用户通过访问一个聚合了不同信息来源的门户页面，避免了多次访问的麻烦；个性化的定制选择，为用户提供按需实现的"一站式"服务。现在来看"待办事项列表"的功能。

在"待办事项列表"页面中可以直接创建将要完成的工作事项(图 10.9)，还可以直接对事项单击，然后进行编辑模式(图 10.10)，输入完成后，当挪开光标后，系统将会把工作事项进行保存(图 10.11)。

图 10.9　iGoogle 的"待办事项列表"页面

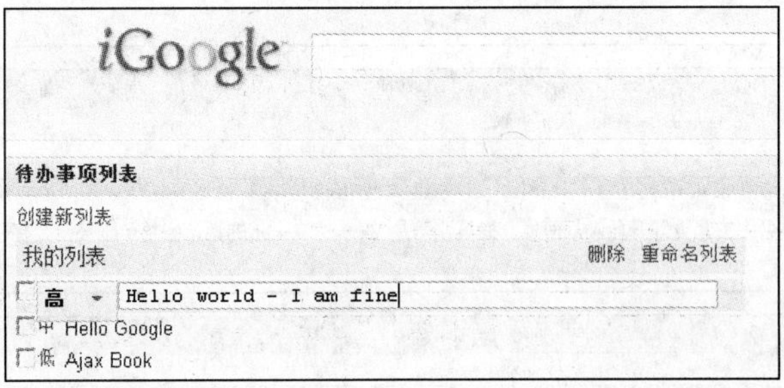

图 10.10　iGoogle 的"我的列表"页面

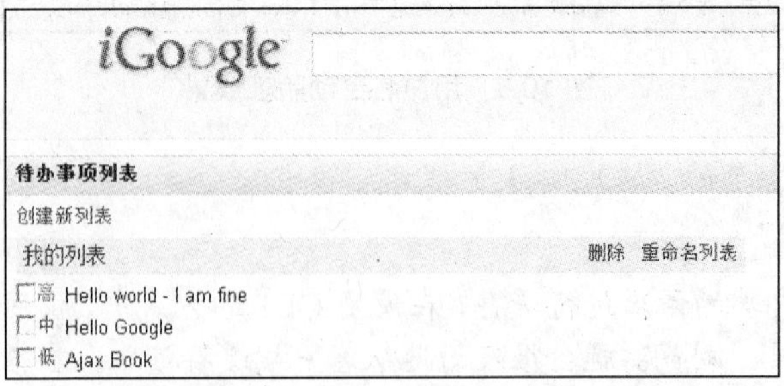

图 10.11　iGoogle 的"我的列表"页面

在企业里面完成任何一个项目前，都会做一件很重要，并且是决定项目成败的事件—对核心技术的技术验证 Demo。在项目开发过程中，尽可能把项目中的功能代码模块化，从而来提高复用性，提高项目的开发效率，减少程序的人员维护成本。

下面完成类似 iGoogle 的编辑框的技术验证，将项目中使用的功能进行简单的模块化。

(1) 将 CSS 放在独立的文件中，通过外部导入的方式引用项目的 HTML 页面，从而达到美化页面的效果。

(2) 将 Ajax 相关的创建 Request、发送请求并响应 Callback 的方法放在独立的 JS 文件中，减少代码的重复性，并且可以提供给其他项目使用。

查看下面的程序调用关系图例(图 10.12)。

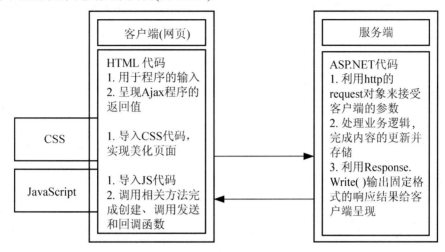

图 10.12　程序调用关系图例

HTML 页面代码如下：

```html
<html xmlns="http://www.w3.org/1999/xhtml">
<head runat="server">
<title>自定义编辑框</title>
// 在页面中引用外部的 CSS 和 JS 文件
    <link href="Style.css" rel="stylesheet" type="text/css" />
    <script src="edit.js" type="text/javascript"></script>
</head>
<body>
<form id="form1" runat="server">
<!--编辑控件的容器DIV,此容器包含静态显示的DIV和动态编辑时所需要的文本编辑框TextBox -->
    <div id="edit_container">
        <div id="edit_static">
        </div>
        <textarea id="edit_textarea"></textarea>
    </div>
    </form>
</body>
</html>
```

CSS 代码如下：

```css
body
{
    font-size: 12px;
}
/*编辑容器的宽带*/
#edit_container
```

```css
{
    margin: 30px;
}
/*静态文字容器的样式 */
#edit_static
{
    padding: 1px;
    border: solid 1px gray;
    width: 300px;
    height: 40px;
    overflow: auto;
    cursor: pointer;
}
/*编辑框容器的样式 */
#edit_textarea
{
    display: none;
    padding: 1px;
    border: dashed 1px red;
    width: 300px;
    height: 40px;
    font-size: 12px;
    overflow: auto;
}
```

JavaScript 代码如下：

```javascript
// 创建 XMLHttpRequest 对象
function createRequest() {
    var req;
    if (window.XMLHttpRequest) {
        req = new XMLHttpRequest();
    } else if (window.ActiveXObject) {
        req = new ActiveXObject("Microsoft.XMLHTTP");
    }
    return req;
}
window.onload = function() {
    // 获取当前静态文字控件对象
    var staticEdit = document.getElementById('edit_static');
    var textareaEdit = document.getElementById('edit_textarea');
    // 发送请求到服务端
    function request(data) {
        var req = createRequest(); // 创建请求的对象
        // 回调函数
        req.onreadystatechange = function() {
            if (req.readyState == 4) {
                if (req.status == 200) {
                    var json = eval('(' + req.responseText + ')');
```

```
                                    if (json.update) { // 更新成功
                                        staticEdit.innerHTML = json.message;
                                    }
                            }
                    }
                };
                //发送 POST 请求
                req.open('POST', './Edit.ashx', true);
                req.setRequestHeader('Content-Type', 'application/x-www-form-urlencoded');
                req.send(data);
            }
        // 单击事件
        staticEdit.onclick = function(event) {
            // 当进入编辑模式后,隐藏静态显示容器,显示编辑框容器
            staticEdit.style.display = 'none';
            textareaEdit.style.display = 'block';
            textareaEdit.value = staticEdit.innerHTML.replace(/<br>/gi, '\n');
            textareaEdit.select();
            textareaEdit.focus();
        };
        // 鼠标失去焦点事件
textareaEdit.onblur = function(event) {
// 编辑完成后,鼠标移开后,显示静态显示容器,隐藏编辑框容器
            textareaEdit.style.display = 'none';
            staticEdit.style.display = 'block';
            var message = textareaEdit.value.replace(/\n/gi, '<br>');
            staticEdit.innerHTML = message;
            request('message=' + message);
        };
        //调用发送方法, 发送请求到服务端
        request('');
};
```

服务端代码如下:

```
    public void ProcessRequest(HttpContext context)
        {
            context.Response.ContentType = "text/plain";
            // 获取客户端发送的请求内容
            string message = context.Request["message"];
            Nii.JSON.JSONObject jsonObj = new Nii.JSON.JSONObject();
            if (!String.IsNullOrEmpty(message))
            {
                context.Session["EditMessage"] = message;
                jsonObj.put("update", false);
            }
            else
            {
                jsonObj.put("update", true);
```

```
        if (context.Session["EditMessage"] == null)
        {
            jsonObj.put("message", "自定义编辑框,请大家单击我.");
        }
        else
        {
          // 保存更新内容
            jsonObj.put("message",context.Session["EditMessage"].ToString());
        }
    }
    // 将更新后最新的内容发送到客户端
        context.Response.Write(jsonObj.ToString());
}
```

程序运行结果如图 10.13 所示。

图 10.13　自定义编辑框运行效果

通过查看上面的截图，可以说"技术验证成功"，可以很放心地开发类似 iGoogle 这样的产品。

 深入学习：

自定义编辑框的技术验证项目是基于 ASP.NET 来实现的。在实验这个案例的时候，先对 ASP.NET 技术中的 Session 和 Ashx 进行学习。并且，为了提升读者的学习能力，在此项目中引用第三方的类库 Nii.JSON.JSONObject 来处理 JSON 对象。

 知识延伸：

读者可以通过这些学习资源去更深入地学习 Ajax 和一些 JavaScript 框架。

(1) https://developer.mozilla.org/en/XMLHttpRequest。

(2) http://json.org/。

(3) http://jQuery.com/。

小　　结

本章主要介绍 Ajax 的基本概念和背景、工作机制、Http 的常用状态码、GET 和 POST 两种页面请求方式。通过本章的学习和企业级项目的实战，需要掌握如下的知识点。

(1) Ajax 不是一门新的技术，是多种技术的结合体。

(2) 掌握 Ajax 技术的核心脚本语言 JavaScript。

(3) 熟练地创建跨浏览器的 XMLHttpRequest 对象，通过 Send() 方法和服务端进行数据交换，并使用 Callback 函数呈现到客户端。

(4) 掌握 JSON 的定义和数据格式，在 ASP.NET 服务端程序中构建 JSON 格式的响应数据。

(5) 了解企业中技术的验证过程，将本章提供的两个完整项目示例进行实践，并熟练掌握和理解。

重 要 术 语

Ajax	XMLHttpRequest	ActiveXObject
Http 状态码	Callback 函数	JSON
JavaScript	Web 2.0	jQuery

自 我 测 试

应用题

1. 描述 Ajax 的核心对象 XMLHttpRequest 的创建方式，如何实现跨浏览器创建？

2. 描述常见的 Http 状态码 404、200、304 分别代表的含义。

3. 学习开源的 JavaScript 框架—jQuery，并使用 jQuery 中提供的 Ajax 对象来实现本章节中的所有示例。

第 3 篇

页面实战篇

第 **11** 章　制作小型网站

 学习目标

知识目标	技能目标
(1) 应用模板进行网站页面统一布局	(1) 能应用模板进行网站相同版式页面的制作
(2) 掌握 "DIV+CSS" 技术进行 Web 标准布局页面操作	(2) 能综合运用 "CSS+模板" 技术设计综合页面
(3) 使用 Photoshop 工具进行简单图像处理	(3) 具有简单的图像处理能力

 章节导读

　　本章以小型网站制作为例，探讨该类网站设计流程、主要功能模块设计，综合运用 CSS 技术与模板技术进行网站若干版式布局、风格相同页面的样式设计与制作。

11.1　实训：制作小型网站

　　很多网站规模都不大，一般包含几个栏目，几个子页面，这类网站主要由网站首页加上若干内容子页面组成，各内容页具有相同布局。如某工作室网站首页效果，如图 11.1 所示，内容页面如图 11.2 所示。该页面主要用来展示公司的形象，说明公司的业务及产品特色等。

图 11.1　翻译工作室网站首页

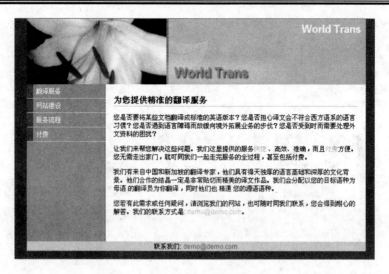

图 11.2　内容页面

本次实训任务是制作学校承接教育部师资培训的宣传网站,网站由导航首页和各培训主题内容的若干子页面组成。网站的首页如图 11.3 所示,主要对各培训课程模块作简要介绍(首页的制作较简单,读者可自己完成)。当访问者单击每一技术模块的图片查看培训内容时,便超链接到对应培训内容的子页面,如图 11.4 所示。

各内容页(图 11.4)主要对各培训主题技术进行详细说明,其具有共同的页面布局元素:左侧导航菜单。当用户单击导航菜单某一选项时,超链接到导航选项对应的培训模块子页面。

图 11.3　培训网站首页

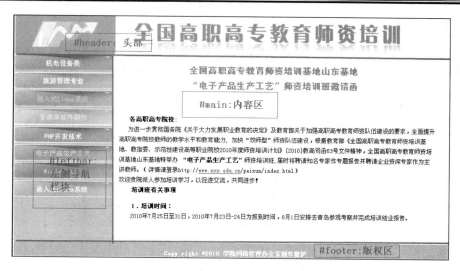

图 11.4 培训网站内容页面

1. 实训目的

网站若干页面版式、风格布局相同，可以采用"DIV+CSS 技术"设计出网站的模板页，再应用模板页从而可以简单设计出若干子页面，这是制作网站的常用思路，本次实训通过制作"培训类宣传网站"内容子页面，强化综合应用 CSS 技术与模板技术设计网站的能力。

2. 项目分解

根据功能，项目实现分解为以下子任务，如图 11.5 所示。

任务 1：使用"CSS+模板"技术设计页面框架。

任务 2：模板不可编辑区域制作。

任务 3：模板可编辑区域制作。

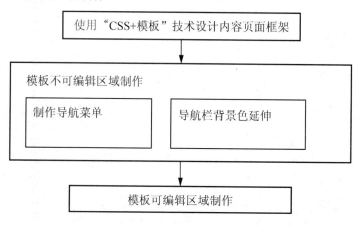

图 11.5 页面制作流程图

任务 11.2 使用"CSS+模板"技术设计内容页面框架

因为若干子页面版式布局相似，所以采用"DIV+CSS"技术设计出模板页，由模板页生成其他内容页，再在内容页上填充相应具体内容即可，这样做大大提高了制作页面的工作效率。

下边重点介绍模板页的制作过程。

首先创建站点，在站点下创建内容页的模板页：index.dwt，其位于站点根目录 Templates 下。

模板页页面框架较简单，主要将页面分成 4 个部分，即页面 logo 标识、左侧导航菜单 #leftbar、右侧导航技术块内容#main、页面底部版权区#footer，因此将页面分成 4 个<div>块即可，如图 11.6 所示。根据内容子页面分析页面结构可知，#main 为可编辑区域，其余区域为默认的不可编辑区域。

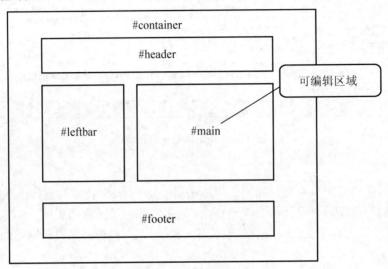

图 11.6　模板页框架结构

模板页(index.dwt)页面结构代码如下：

```
<!--============页面主体开始==================-->
<body>
  <div id="container">
    <!--页面头部-->
    <div id="header">    </div>
    <!--页面左侧导航菜单-->
     <div id="leftbar">    </div>
     <!--页面主体内容-->
    <div id="main">       </div>
     <!--页面版权区-->
    <div id="footer">
      <p class="STYLE1"><br/>
        Copy right &copy;2010 学院网络管理办公室制作维护</p>
     <!--页面版权区结束-->
    </div>
    <!--============页面主体结束==================-->
  </div>
</body>
```

本页面主要采用左右并排的版式布局，前边已经重点讲过使用 float 属性进行排版的思路，这里只给出实现代码：

```
body {  /*页面整体布局信息*/
    font-size: 11px;
    text-align:center;/*  页面文本居中*/
}
 #container {  /*页面层容器*/
  margin: 0px auto;  /*左右方向居中*/
  width:900px;
  border:1px solid #DFDFDF;/*边框组合属性*/
  background: url(images/erjiye.jpg) repeat-y;  /*修补#leftbar的背景色问题*/
    }
#header {  /*页面头部*/
  height:75px;
}
#leftbar {  /*导航菜单*/
    float:left;
    width:203px;
    margin:0px;
    padding:0px;
}
#main  {/*主体内容*/
    float:left;
    width:643px;
    background-color:#FFFFFF;
    margin:-3px 0px 0px 0px;
    padding:0px;
    }
#footer {  /*版权区*/
    clear:both;  /* 消除 float 的影响*/
    background-color:#999999;
    margin:0px;
    height:30px;
    font-family:"宋体";
    font-weight:bold;
    text-align:center;
    }
```

任务 11.3　模板不可编辑区域制作

11.3.1　左侧导航菜单制作

导航菜单依然采用项目列表的方式，将<ul>标记与<li>标记配合进行相应的设置，其 HTML 框架如下所示。

```
<!--页面左侧导航条-->
<div id="leftbar">
<ul>
    <!--每一菜单项超链接跳转到其他内容页面,每一菜单项应用对应 item 样式,改变背景图片-->
```

```
<li class="item1"><a href="jidian.html"> </a></li>
<li class="item2"><a href="lvyou.html"> </a></li>
<li class="item3"><a href="qianrushi.html"></a></li>
<li class="item4"><a href="duomeiti.html"></a></li>
<li class="item5"><a href="php.html"></a></li>
<li class="item6"><a href="dianzi.html"></a></li>
<li class="item7"><a href="winCE.html"></a></li>
<li class="item8"><a href="wangluo"></a></li>
</ul>
<!--页面左侧导航条结束-->
</div>
```

这里为导航菜单超链接添加背景变换的效果，如图 11.7 所示，当鼠标指针经过时超链接的颜色和背景的渐变颜色都发生了变化。这种背景变换的技术在很多页面设计中都应用到，其实现思路基本相同，这里作一个简单总结。

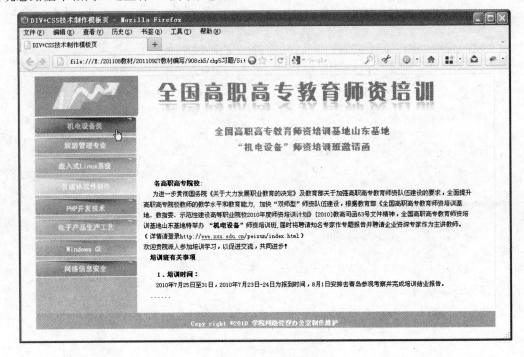

图 11.7　背景变换

(1) 制作渐变图片。渐变图片的制作较简单，只需要在 Photoshop 中用渐变工具就能轻松实现，如图 11.8 所示。为页面美观，分别在 8 个菜单项的图片基础上制作 8 幅渐变图片。

图 11.8　渐变效果的菜单项

(2) 对 li 的超链接设置动态 CSS 样式，实现超链接时变换背景渐变图片，实现动态菜单项效果。为美观效果，本例动态样式效果较复杂，对导航菜单每一选项分别应用单独定制的样式，这里以"机电设备类"子菜单样式为例进行说明，读者可仿照此设计其他子菜单的 7 个单独样式，实现动态样式菜单的通常做法是应用一个共同的样式。

```
/*对 moban.dwt 导航菜单渐变效果的设置*/
#leftbar ul {
  list-style:none; /*无列表项符号*/
  margin:0px;
  padding:0px;
 }
#leftbar li a{
  display:block;
  height:33px;
  padding:3px 2px 3px;
  margin:0px;
  }
/*每个菜单项背景效果渐变样式定义,以机电设备类子菜单为例*/
  /*item1:机电设备子菜单样式定义*/
li.item1 a:link,li.item1 a:visited{
  background:url(images/erjiye_r5_c1.jpg) no-repeat;
  }
li.item1 a:hover{/*激活超链接加载渐变图片*/
  background:url(images/erjiye2_r1_c1.jpg) no-repeat;
  }
```

11.3.2　导航栏背景色延伸

在设计样式时，考虑到#leftbar 块即左侧导航菜单背景色的延伸问题，要实现背景的延伸与#footer 版权区相接，解决方案是制作宽与#leftbar 块宽度相同即 203px 的图片，作为页面顶层父块#container 的背景图片，如图 11.9 所示，采用 y 轴方向重复，使得导航菜单背景色能够根据页面内容高度动态延伸到页面底部版权区#footer 块。

图 11.9　y 轴方向重复

关于导航菜单背景颜色延伸问题的解决方案代码如下。

```
#container  {/*页面层容器*/
  margin:0px auto; /*左右方向居中*/
  width:900px;
  border:1px solid #DFDFDF;/*边框组合属性*/
  background:url(images/erjiye.jpg) repeat-y; /*修补#leftbar 的背景色问题*/
 }
```

任务 11.4　模板可编辑区域制作

在套用模板页生成其他子页面时，其中#header、#leftbar、#footer 块在各个子页面内容是固定相同的，因此定义为模板页的默认区域：不可编辑区域；其中#main 块的内容随每个子页面的培训技术具体内容而发生相应改变，因此定义为模板页的可编辑区域，使用 Dreamweaver 工具插入两个可编辑区域(标题、培训主题内容)。

```
<!--页面主体内容-->
<div id="main">
  <!--TemplateBeginEditable name="Edittitle"-->
  <!--可编辑区域:培训某一主题标题-->
<div id="title"></div>
    <!-- TemplateEndEditable -->
    <!-- TemplateBeginEditable name="EditContent"-->
    <!--可编辑区域:培训某一主题内容-->
    <div id="content">
    </div>
    <!-- TemplateEndEditable -->
    <!--页面主体内容结束-->
 </div>
```

可编辑区域主要包含标题、内容两部分，应用到各个页面的效果如图 11.10 所示，其样式定义较简单，上下块的宽度与父块#main 相同。

```
/* main区域主体内容*/
#title{
  width:100%;
  height:50px;
  margin-top:20px;
  }
#content{
 width:100%;
margin-top:30px;
text-align:left;
padding:10px;}
```

为使可编辑区域内容整体整洁、清晰，分别定义标题#title 字体方案：颜色突出、字体大；#content 内容字体方案如下所示：

```
/*#title块:标题字体样式*/
.ziti1 {
    font:18px/30px "黑体"; /*字体大小: 18px; 行间距: 30px*/
    color: #2678AA;
    text-decoration: none;
  }
/*#content块:内容字体样式*/
.ziti2 {
```

```
font:12px/20px "宋体";  /*字体大小：12px；行间距：20px*/
color: #000000;
text-decoration: none;
}
```

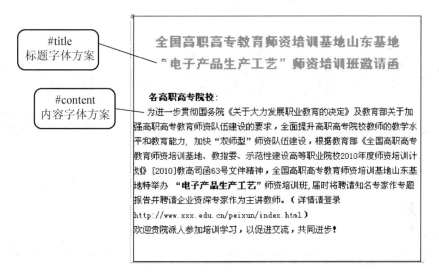

图 11.10　可编辑区域字体方案

自 我 测 试

应用题

结合使用 CSS 技术与模板技术，将图 11.11 所示效果的网页(index.htm)作为站点首页，当单击左侧导航栏时，"企业历史"、"产品展示"网页能正确在中间窗口显示和切换，并制作与首页(index.htm)具有相同版式的"企业历史"、"产品展示"内容子页面。

图 11.11　企业网站

第**12**章　制作主流网站界面

学习目标

知识目标	技能目标
(1) 掌握网页设计的流程	(1) 能够运用网页设计流程知识指导网页设计
(2) 掌握使用工具构思网页整体效果	(2) 能熟练使用 Photoshop 工具构思网页整体效果
(3) 熟练掌握使用 CSS 定位技术进行页面常见版式布局	(3) 能熟练运用 "DIV+CSS" 技术定位网页常用布局：左右、左中右
(4) 掌握网页常用内容模块的样式定义	(4) 能熟练使用 CSS 样式表技术进行页面内容样式控制

章节导读

　　本章以主流网站界面设计为例，从网页设计流程、典型网页布局到 CSS 定位页面框架布局及页面内容填充样式定义，详细讲述一个主流网页的设计、制作过程，使读者对综合应用 "DIV+CSS" 技术设计网页有清晰的了解与掌握。

12.1　实训：制作主流网站界面

　　在网上经常可以看到图 12.1 所示的页面效果，这是一种非常典型的主流网站界面，包含网页布局中常用的版式结构：左右版式、左中右版式，动态样式菜单栏，跑马灯效果实现的公告栏信息等网页设计中的常用要素。本次实训将综合应用 "DIV+CSS" 技术进行类似的主流网站界面设计，通过典型工作任务强化对 "DIV+CSS" 技术的学习掌握。

　　1. 实训目的

　　能综合运用 CSS 技术设计 Web 标准布局页面是网页设计师的重要岗位技能之一，本章实训项目是主流网站界面设计，在网上经常会看到这种版式。从构思、规划、设计到最终成型，进一步熟练使用 CSS 技术进行网页布局及页面内容外观样式展示。

图 12.1　页面整体效果图

2. 项目分解

根据功能，项目实现分解为以下子任务，如图 12.2 所示。

任务 1：PS 工具构思页面效果、切图。

任务 2：页面整体布局设计。

任务 3：CSS 定位 3 栏布局。

任务 4：页面各分块细化设计。

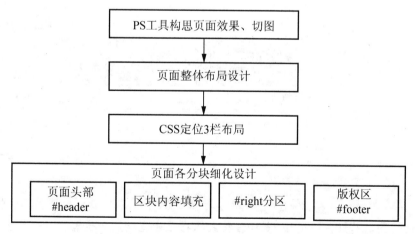

图 12.2　页面制作流程图

任务 12.2 PS 工具构思网页整体效果

静态页面的设计流程如下：确定主题→收集资料→规划布局→添加素材。

1. 构思基础的布局

首先，网页设计师心中要先明确页面要摆放哪些内容，接着就构思如何去布局这些内容。通常，网页设计人员首先用 Photoshop 等图像制作软件设计出页面效果图，将页面的布局规划出来。页面整体效果如图 12.1 所示。

2. 切图

分析完页面结构后，就是切图的制作。

切片前，首先要区分出页面的内容和修饰部分。然后分析出哪些修饰部分是可以用背景来实现的，哪些部分是可以用 CSS 代码来实现的，最后要切出需要知道详细宽度的部分。在制作切图时，首先把影响背景的文本内容去掉，然后在 Photoshop 中用切片工具 ✂ 来制作切片，主流网站界面图 12.1 切图效果如图 12.3 所示。

图 12.3 首页切图

注意：切好图后将切片以 GIF 或 JPG 格式保存至磁盘相应的位置。切好的图片作为网页设计的图片素材留待制作页面时使用。图 12.3 的切片中，用作背景的包括头部背景、分类图标，其他的图片为内容图片，内容图片主要在设计页面时确定所占区域的尺寸。

切好图后，新建一个站点，将页面中使用到的图片放到 images 文件夹中。图片的命名可以保留原有的命名，也可以重新命名，重新命名的目的是使图片的名称更加容易理解。

任务 12.3　页面整体布局设计

根据页面效果图对网页进行结构分区。整个页面可以分成头部、内容部分和底部 3 大部分。头部划分为 logo 网站标识和导航菜单两个部分；内容部分划分为左侧的分类导航、中间的主体内容部分和右侧分区导航 3 个部分。具体的页面分区如图 12.4 所示。

图 12.4　页面框架结构图

12.3.1　网页设计典型布局

为实现上述页面效果，需要使用页面布局。典型的页面布局有栏式结构和区域结构。

1. 栏式结构

栏式结构是很常见的页面结构，其特点是简单实用、条理分明、格局清晰严谨，适合信息量大的页面。图 12.5 列出了几种常见的栏式结构。

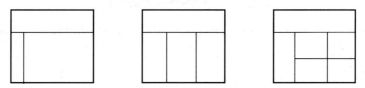

图 12.5　常见的网页栏式结构

2. 区域结构

区域结构现在在国内使用得比较少，其特点是页面精美、主题突出、空间感很强。不过仅适合信息量比较少的页面。图 12.6 是一个区域结构的样例，从图中可以看到，页面被分成了多个区域，有很多的空间留给背景。

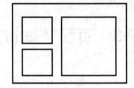

图 12.6 区域结构

如图 12.5 所示，页面中常用版式布局为：左右、左中右，其他版式可参照这两种版式生成。为熟练掌握"DIV+CSS"技术的结合进行网页的设计，下面进行图 12.1 所示效果的网页设计。

12.3.2 页面整体框架结构

页面大致效果出来后，用 div 块设计页面结构，如图 12.7 所示。

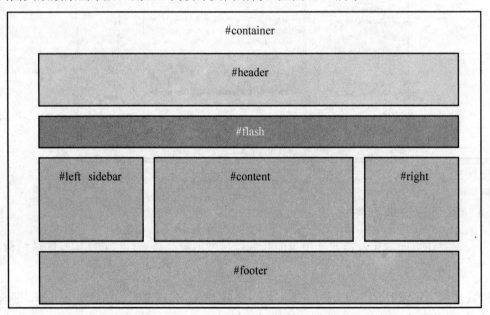

图 12.7 网页整体版式效果图

在页面最外面定义一个父块 div：#container，页面所有 div 块都属于父块#container，便于对页面的整体进行控制。

DIV 结构如下：

```
    body {}   /*这是一个 HTML 元素*/
/*主体内容*/
└#container {}              /*页面层容器*/
    ├#header {}        /*页面头部*/
├#flash{}          /*flash 动画*/
    ├#pagebody {}    /*页面主体*/
    ├#leftsidebar{}  /*侧边栏*/
    └#content {}     /*页面主体内容*/
```

```
└# right{}         /*右侧栏*/
├#footer {}        /*页面底部:版权区*/
```

页面结构代码如下所示:

```
<body>
<div id="container">
<!-- 页面头部-->
  <div id="header">
    header
  </div>
  <!--Flash动画-->
  <div id="flash">
     flash
   </div>
<!--页面主体-->
  <div id="pagebody">
    <div id="leftsidebar">
     leftsideBar
    </div>
    <div id="content">
    Content
     </div>
     <div id="right">
      right
      </div>
    </div>
<!--版权区-->
  <div id="footer">
    footer
  </div>
</div>
</body>
```

12.3.3　CSS 页面定位

　　页面框架结构出来后，便可以用 CSS 对各个块进行定位，实现对页面的整体规划。页面通常有两种页面版式布局：一种是不管浏览器窗口大小如何调整，网页页面大小始终固定，通常居中显示，称之为固定宽度 CSS 布局；一种是页面动态适应浏览器窗口大小，宽度不固定，始终动态占满浏览器窗口，称之为自适应(弹性)宽度 CSS 版式布局。这里使用固定宽度 CSS 布局版式布局思想来进行页面的整体布局设计。

```
body { /*页面基本信息*/
  background-color: #dae8bd;
  font-size: 12px;  /*字体大小*/
  text-align:center;/* 使页面中所有文本居中*/
```

```
    }
    #container {  /*页面层容器*/
   margin: 0px auto; /*左右方向居中*/
     width:900px;
     border:solid 1px #DFDFDF;/*边框组合属性*/
     background-color:#AADF55;
     }
   #header         /*页面头部*/
   { background-color:#008080;
   }
   #flash  /*flash 块*/
   { background-color:#66FFFF;
   }
   #pagebody   /*页面主体*/
   { width:100%;
    background-color:#AADF55;
   }
   #footer  /*版权区*/
   { clear:both;
     background-color:#AABFFF;
   }
```

为了看出较明显的外观效果，这里设置每一分块具有不同的背景色，在实际网页中须根据实际情况进行设置。

 经验之谈：

无论浏览器大小如何调整，为使父层#container 始终保持居中位置，这里使用第 6 章讲到的 margin-left: auto; margin-right: auto，在 Firefox、IE 浏览器中均呈现居中效果，具有良好的兼容性。

任务 12.4 CSS 定位三栏布局

将页面分隔为左中右 3 块是网页中最常见的排版模式，如图 12.8 所示，页面#pagebody 块即采用这种结构。

关于页面三栏布局，可参阅"6.2.5 float 定位"的详细讲述，这里结合图 12.9 分块尺寸直接给出关键代码：

```
   #leftsidebar /*侧边栏*/
   { float:left; /*浮动层*/
     background-color:#7FDFAA;
     width:265px;
   }
   #content       /*主体内容*/
```

```
{ float:left;
  width:420px;
  background-color:#AADF55;
  height:auto;
  }
#rightbar    /*右侧栏*/
{float:right; /*浮动层*/
  background-color:#7F1FFF;
  width:215px;
}
```

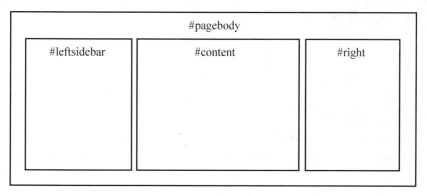

图 12.8　左中右版式

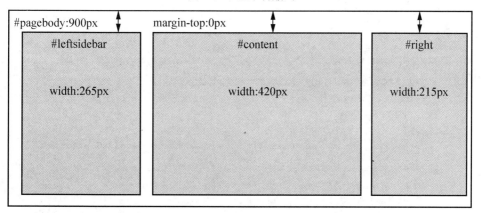

图 12.9　尺寸控制左中右分块

这样，页面的基础框架就出来了，如图 12.10 所示。另外，可根据实际需要调整每一分块 div 的高度，即可得到页面整体框架。

图 12.10　页面宽度固定的基础框架

任务 12.5　页面各分块细化设计

12.5.1　制作页面头部#header

1. CSS 定位#header 块

页面头部信息通常有网站 logo、导航菜单、Flash 动画等元素，结构如图 12.11 所示。

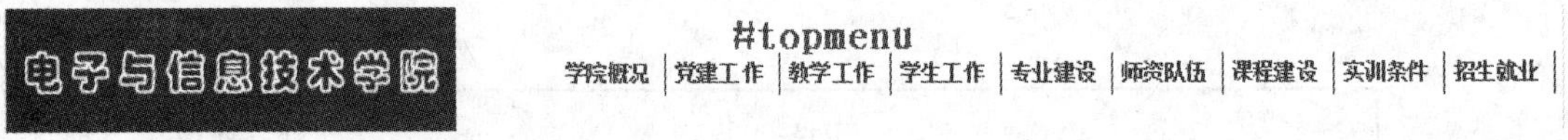

#topmenu
学院概况｜党建工作｜教学工作｜学生工作｜专业建设｜师资队伍｜课程建设｜实训条件｜招生就业｜

图 12.11　网页头部结构

（1）设计页面。

DIV 结构如下：

├#header {}/*页面头部*/
　　　├#logo {} /*网站 logo 标识*/
　　　├#topmenu{} /*顶部菜单*/

结构代码如下：

```
<!--文件头部-->
<div id="header">
  <!--logo 层-->
  <div id="logo">
    <!--Logo 图片内容-->
    <img src="web/image/1_r1_c1.jpg" /></div>
  <!--topmenu 块-->
  <div id="topmenu">
    <ul>
    <li><a href="#">学院概况</a></li>
    <li><a href="#">党建工作</a></li>
    <li><a href="#">教学工作</a></li>
    <li><a href="#">学生工作</a></li>
    <li><a href="#">专业建设</a></li>
    <li><a href="#">师资队伍</a></li>
    <li><a href="#">课程建设</a></li>
    <li><a href="#">实训条件</a></li>
<li><a href="#">招生就业</a></li>
    </ul>
  </div>
</div>
```

（2）固定宽度左右版式布局。

```
#logo{
float:left; /*左浮动层*/
 width:262px;/*固定宽度*/
```

```
}
#topmenu{
float:right;  /*右浮动层*/
width:580px;/*固定宽度*/
margin-top:30px;  /*与 header 上边距沉下一定距离*/
  }
```

页面效果如图 12.12 所示。

图 12.12　页面 header 块

2. 水平导航菜单制作

水平导航菜单如图 12.13 所示，采用 UL 与 CSS 技术实现，结构代码如下。

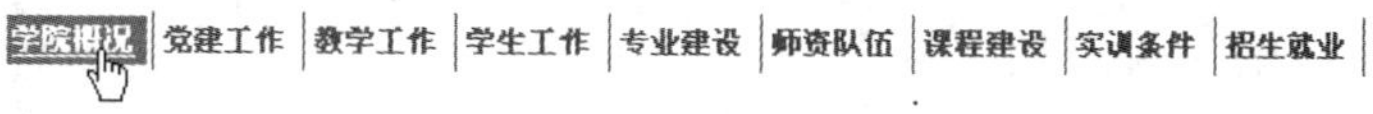

图 12.13　水平导航菜单

```
<!-topmenu 块-->
    <div id="topmenu">
      <ul>
      <li><a href="#">学院概况</a></li>
       <li><a href="#">党建工作</a></li>
       <li><a href="#">教学工作</a></li>
       <li><a href="#">学生工作</a></li>
       <li><a href="#">专业建设</a></li>
       <li><a href="#">师资队伍</a></li>
       <li><a href="#">课程建设</a></li>
       <li><a href="#">实训条件</a></li>
       <li><a href="#">招生就业</a></li>
      </ul>
    </div>
```

CSS 样式代码如下：

```
#topmenu ul{
    list-style:none;  /*无列表项符号*/
    margin:0px;
    padding:0px}
#topmenu li{
    float:left;  /*菜单水平展开*/
    border-right:solid 1px #1049126;
    }
    /*菜单的动态超链接样式*/
#topmenu li a {  /*每个列表项当鼠标进入块级区域内激活动态样式*/
    display:block;  /*列表项由行内元素转化为块级元素*/
```

```
    text-decoration:none;
    margin:2px;
    width:56px;
    padding:3px 3px 3px 0px;
    background-color:#CCCCCC;
    }
#topmenu li a:link,#topmenu li a:visited {/*菜单项进入链接前、后的样式定义*/
    background-color:white;
    color:#1049126;
    text-decoration:none;
      }
  #topmenu li a:hover { /*每个菜单项被激活的样式*/
    background-color:#0066FF;
    text-decoration:underline;
    color:#FFFFFF;
  }
```

12.5.2 #flash 块插入动画

在网页中添加多媒体元素可以使网页更加精彩，更加引人注目，图像与文本结合的 Flash 的具体制作，也是设计网页时常用到的典型技术之一，关于本页面 Flash 的制作可参考随书附带的电子资源。Flash 动画制作好之后，使用 Dreamweaver 工具，在#flash 块选择菜单【插入】| flash 命令，插入制作好的 Flash 动画，将#flash 块宽度、高度调整为和制作的 Flash 尺寸一样。

页面结构代码如下：

```
<div id="flash">
    <object classid="clsid:D212CDB6E-AE6D-12cf-96B8-444553540000" codebase=
"http://download.macromedia.com/pub/shockwave/cabs/flash/swflash.cab#version=
12,0,19,0" width="900" height="180">
        <param name="movie" value="web/flash1.swf" />
        <param name="quality" value="high" />
        <embed src="web/flash1.swf" quality="high" pluginspage="http://www.
macromedia.com/go/getflashplayer" type="application/x-shockwave-flash" width="900"
height="180"></embed>
     </object>
  </div>
```

CSS 样式代码如下：

```
#flash { /*Flash 样式*/
clear:both;
height:180px; /*高度、宽度与 Flash 动画相同*/
width:900px
 }
```

注意：#flash 块设置 clear 属性为 both，消除#header 块相邻层#logo、#topmenu 浮动层的影响，使其成为独立层。截至目前，页面效果如图 12.14 所示。

图 12.14 插入 Flash 后的整体效果

页面整体框架设计好之后，须根据内容进行大块内分区规划及各分区内容的填充操作。向页面各个块中填充内容也是页面设计中非常重要的一个环节，这里将常用的内容填充方式进行总结说明。

12.5.3 区块内容填充

1. 导航栏 leftsidebar 内容填充

1) 图像条分隔文本块

填充页面内容时，为避免大量文本的单调，经常会看到用图像条作为标题，从而分隔文本块，实现过渡的效果，如图 12.15 所示的"通知公告"版块、"外包课堂"版块，使用两幅图片将左侧导航块(#leftsidebar)进一步划分为两个块。

左侧导航块(#leftsidebar)页面结构代码如下所示：

```
<div id="leftsideBar">
    <!--============通知公告版块开始================-->
    <div class="tongzhi">
        <!--标题-->
        <h3><span/> </h3>
        <!--内容：跑马灯公告栏-->
        <marquee>...</marquee>
    </div>
<!--============外包课堂版块开始================-->
    <div class="ketang">
        <!--标题-->
        <h3></h3>
        <!--内容-->
        <ul>...</ul>
    </div>
</div>
```

类似的页面填充效果在网页设计中会经常用到，这里以"外包课堂"为例讲解，实现效果如图 12.16 所示，读者可以细心体会这一思想。

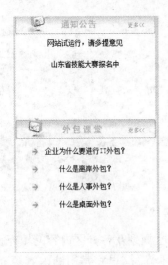

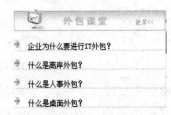

图 12.15　左侧导航栏#leftsidebar 图像条过渡效果　　　图 12.16　图像条过渡效果

页面结构代码如下：

```
<!--============外包课堂版块开始=================-->
    <div class="ketang">
        <!--标题-->
        <h3></h3>
        <!--内容-->
        <ul>
         <li><a href="#">企业为什么要进行 IT 外包？</a> </li>
         <li><a href="#">什么是离岸外包？ </a></li>
         <li><a href="#">什么是人事外包？</a></li>
         <li><a href="#">什么是桌面外包？</a></li>
        </ul>
    </div>
```

CSS 样式代码如下：

```
/*外包课堂版块*/
.ketang {
   border:solid 1px #DFDFDF;/*边框组合属性*/
   margin-top:0px;
}
.ketang  h3 {
background:url(web/image/2_r9_c1.jpg)  no-repeat; /*标题背景图片*/
   height:39px;  /*与图片高度相同*/
   margin-top:-3px;
   margin-bottom:12px;
   }
.ketang ul{
   list-style-type:none;
   padding:0px;}
```

【程序分析】(1)通过标题标记 h3 放置标题背景图片来作为文本块的间隔符，要显式指定

h3 的高度与加载的背景图片高度相同，否则背景图片无法显示。

(2) 细心的读者可能已经发现，在定义 ".ketang　h3" 时，设置 margin-bottom: 12px；这个意义很重要，通过它可以定义文本块与标题背景图片间的间隔，如图 12.17 所示。

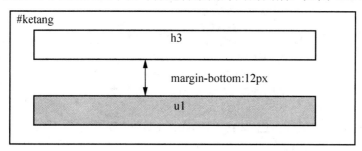

图 12.17　margin-bottom 的作用

2) 通知公告栏——内容填充

在页面中经常看到 "滚动通告" 动态显示信息的效果，滚动信息使用标记 <marquee> 来实现，通过定义 <marquee> 标记的高度与滚动区域(#tongzhi 块除去 "通知公告" 标题图片的剩余区域)相同来实现信息在 "块的框架区域" 内滚动显示。即：

```
<marquee onMouseOver="this.stop()" onMouseOut="this.start()"
        scrollamount="1" scrolldelay="10" direction="up" style="text-align:
center" width="180" height="120">     <!--显式指定滚动区域的范围-->
```

完整代码如下所示：

```
<!--============通知公告版块开始================-->
    <div class="tongzhi">
    <!--标题-->
    <h3><span/> </h3>
    <!--内容：跑马灯公告栏-->
    <marquee onMouseOver="this.stop()" onMouseOut="this.start()"
    scrollamount="1"          scrolldelay="10"          direction="up"
style="text-align:center" width="180" height="120">
    <!-新闻内容-->
        <p><a href="#">网站试运行，请多提意见</a></p>
        <p><a href="#">山东省技能大赛报名中 </a></p>
    </marquee>
    </div>
```

2. 页面主体新闻内容填充

新闻内容通常会按标题分类大量出现在网站首页中，成为网页内容重要组成部分。常用技术网站 csdn.net 主页的新闻内容如图 12.18 所示。

下面分析新闻栏内容填充特点：每条新闻单独占一行，每条新闻有相同的项目符号。基于此布局特点，马上想到 UL 无符号列表：各列表项换行显示，列表项可以通过 list-style 相关的属性设置具有相同的图标来取代默认的列表项符号。下面来实现图 12.19 所示的新闻主题展示。

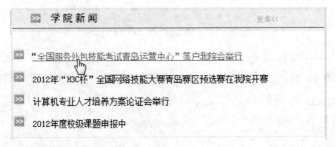

图 12.18　csdn.net 主页内容截图

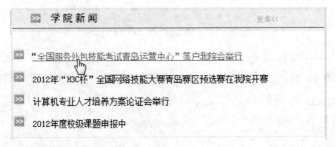

图 12.19　新闻栏制作

页面结构代码如下所示:

```
<!--新闻区域-->
    <div  id="content">
     <div class="xinwen">
       <h3></h3>
       <!--使用 UL 技术实现下拉菜单-->
       <ul>
         <li><a  href="#">"全国服务外包技能考试青岛运营中心"落户我院会举行
</a></li>
           <li><a  href="#">2012 年"H3C 杯"全国网络技能大赛青岛赛区预选赛在我院开
赛</a></li>...
       </ul>
     </div>
```

CSS 样式代码如下:

```
/*新闻版块*/
.xinwen {
   margin:0px;
   padding-left:0px;
   padding-top:0px;
}
.xinwen  h3 {
   /*列表项标题图片*/
   background:url(web/image/2-3_r1_c1.jpg)  no-repeat;
   height:40px;
   margin-top:0px;
```

```
   margin-bottom:8px; /*标题图片与 UL 间隔*/
}
.xinwen ul{
   list-style-type:none;
   padding-top:0px;
   padding-left:5px; /*列表项内容左侧空距*/
}
.xinwen li {
margin-bottom:8px; /*各列表项间隔*/
   padding:0px;
   list-style-image:url(web/image/1.jpg); /*列表项图片*/
   list-style-position:inside;
}
```

小提示：

在列表中注意使用背景和空距属性显示列表前修饰图片的技巧。

12.5.4 #right 分区制作

以"课程中心"分区为例，页面结构如图 12.20 所示，代码如下。

图 12.20 #right 分区

```
<div id="right">
 <div class="kecheng"> 课程中心 </div>
 <div>从业信息服务中心</div>
 <div>办公系统</div>
 <div>友情链接</div>
</div>
```

CSS 样式代码如下：

```
.kecheng {
   background-image: url(web/image/1_r12_c9.jpg) no-repeat;/*背景图片*/
   padding-top: 60px;  /*课程中心文字位置*/
```

```
    margin-top: 0px;
    margin-bottom: 10px;
    margin-left: 15px;
  }
```

12.5.5 #footer 版权区制作

版权区相对简单，为消除上边#pagebody 各子层：#leftsidebar、#content、#right 的左浮动影响，设置 clear 属性清除，即：clear：both，使其成为相对独立块。

结构代码如下：

```
<!--版权区-->
  <div  id="footer">
    网络办公室制作
  </div>
```

CSS 样式代码如下：

```
#footer {/*版权区*/
clear:both; /*独立层*/
background-color:#FFFFFF;
margin:0px;
height:30px;
  }
```

自 我 测 试

应用题

使用"UL+CSS"技术实现图 12.21 所示的新闻展示功能。

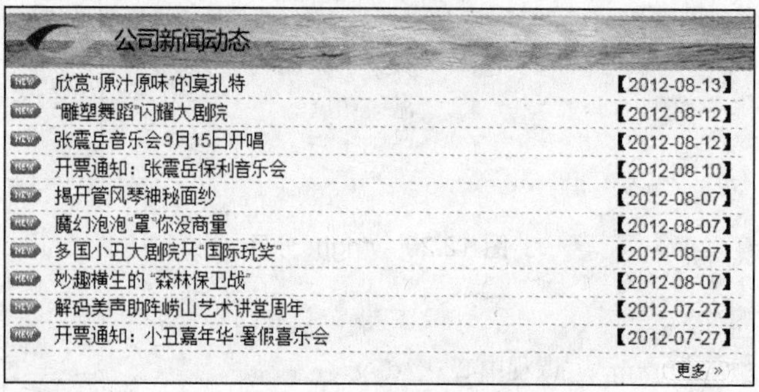

图 12.21 新闻展示区

第**13**章 制作购物网站主页

 学习目标

知识目标	技能目标
(1) 了解电子商务概念、模型	(1) 能运用电子商务知识指导网页设计
(2) 了解购物类网页常用功能模块、页面元素	(2) 能根据需求较好分析、构思、规划网页
(3) 掌握 Photoshop 工具设计网页整体效果、切片	(3) 能熟练使用 Photoshop 构思网页整体效果
(4) 掌握 CSS 定位页面布局	(4) 能熟练使用 CSS 定位页面布局
(5) 熟练使用 "DIV+CSS" 定义元素展示样式	(5) 能熟练使用 "DIV+CSS" 定义元素展示样式
(6) 掌握 JavaScript 技术实现常用页面交互功能模块	(6) 能够使用 JavaScript 技术定义常用页面交互功能

章节导读

　　随着电子商务的迅速发展，购物类网站成为企业宣传文化、产品的阵地，它的制作带有很强的任务性和目的性。本章以购物网站主页设计为例，从分析当前购物网站页面主元素入手，包含导航区、展示区、搜索区、用户服务区、tab 菜单栏，详细介绍页面的制作流程：从构思到规划、设计到最终成型，进一步熟练使用 CSS 技术进行网页布局及外观样式展示。

13.1　实训：购物网站主页制作

1. 电子商务基础知识

　　电子商务的正式定义是通信、数据管理和安全技术的总和，允许在 Internet 上进行商品和服务买卖，来源于中国互联网信息中心(CNNIC)《2011 年中国中小企业电子商务调查报告》的数据显示，2011 年我国电子商务交易规模接近 6 万亿元，其中网络零售总额超过 7500 亿元，在社会消费品零售总额中所占比例超过 4%。截至 2011 年底，我国网络购物用户规模达到 1.94 亿人，网络购物使用率提升至 37.8%。

　　电子商务商业有 4 种模型，公司对消费者(B2C)、消费者对消费者(C2C)、公司对公司

(B2B)、政府对公司(G2B)。B2C 购物网站是指直接把商品或服务售卖给消费者的网站，如卓越网、京东商城、当当网、红孩子等；C2C 购物网站主要指的是为消费者个人与个人之间进行买卖提供交易平台的网站，如淘宝网、拍拍网、易趣网等。

随着电子商务的迅速发展，从事电子商务及相关行业的人才需求量倍增，各中小企业也迫切需要一种适合自己的电子商务网站在互联网上宣传自己的企业形象和文化、销售企业商品，因此，购物类网站的制作是一个典型的工作任务。

2. 实训目的

本章实训项目是购物网站主页面设计，参照当前主流购物网站，要求页面元素(主要包含商品展示区、搜索区、用户服务区、tab 菜单)按功能分类清晰、页面布局整齐，从构思、规划、设计到最终成型，进一步熟练使用 CSS 技术进行网页布局及外观样式展示。

3. 项目分解

根据功能，项目实现分解为以下子任务。

任务 1：需求分析——分析、确定购物网站功能模块。

任务 2：原型设计——PS 工具设计页面效果图、切图。

任务 3：实现——页面整体布局，"DIV+CSS"定位。

任务 4：实现——各功能模块细化设计。

任务 5：JavaScript 在页面中的综合应用。

页面制作流程如图 13.1 所示。

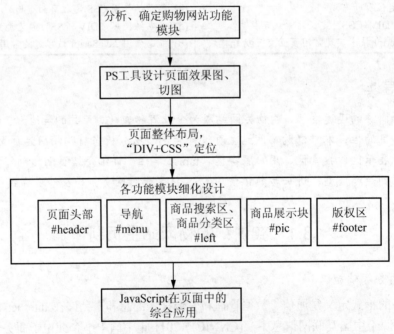

图 13.1　页面制作流程

任务 13.2　页面功能模块、元素分析

　　网站主页的设计是一个网站成功与否的关键。浏览者往往看到第一页时就会对站点形成一个整体的感觉，能否留住浏览者，主页设计的好坏起着至关重要的作用。所以要重视主页的设计和制作，一般主页的设计和制作占整个制作时间的 40%左右。从根本上来说，主页就是全站内容的目录，是一个索引。

　　主页的内容模块是指需要放在主页上实现的主要内容和功能。一般购物站点都需要这样一些模块：Logo 标志、广告条(bannner)、主菜单(menu)、新闻(news)、搜索(search)、友情链接(links)、邮件列表(maillist)、计数器(count)、版权(copyright)，可以根据需要选择添加合适的模块到主页。

　　通过对多个大家较认可的购物网站进行比照，对购物网站页面的结构及主要元素进行分析，以当当网站为例，如图 13.2 所示，购物网站页面主要包含导航菜单、图片电子相册、tab 菜单等内容。

图 13.2　当当网页面效果

任务 13.3　构思网页效果

13.3.1　构思、设计页面效果图

了解了购物类页面的主要元素后，就可以整理素材设计网页。页面整体采用浅蓝的清新色调，图片的边框也使用相一致的浅蓝色，主体部分的内容主要包含商品展示区(最新商品展示、推荐商品展示)、tab 菜单栏公告等动态内容，左侧的商品搜索和商品分类是购物类网站页面的必备子模块，可以实现商品的快捷查询。

明确页面摆放这些内容后，然后构思如何布局这些内容。在 Photoshop 中设计出大概的草图，规划出页面的布局，效果如图 13.3 所示。

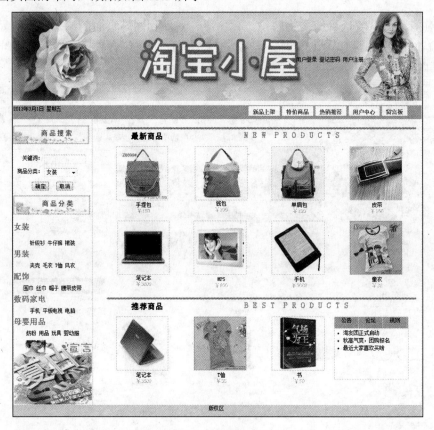

图 13.3 页面效果图

13.3.2　图片的加工合成

使用 Photoshop 工具设计页面效果图时，图片素材的加工处理是一项重要工作。网站首页通常会有较醒目的 logo 图片，以突出网站主题。这里以图 13.4 所示 logo 图片的制作来简要说明多幅图片的合成加工技术，这也是网页制作中常用的图片处理技术。

图 13.4 页面 logo

图片素材准备如下。

准备 3 幅格调、背景较统一的图片，如图 13.5、图 13.6、图 13.7 所示，准备进行适当图片加工合成为一幅 logo 图片。

图 13.5 人物图像素材 1

图 13.6 素材 2

图 13.7 素材 3

操作步骤如下。

(1) 打开 photoshop，单击菜单栏中【文件】下的【新建】选项，弹出【新建】对话框。参照图 13.8 进行设置。

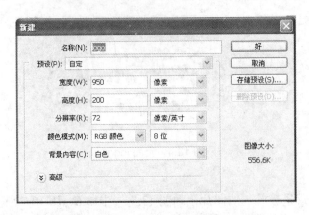

图 13.8 【新建】对话框

(2) 单击菜单栏中【文件】下的【打开】选项，从 images 文件夹中选取 "1.jpg"、"2.jpg"、"3.jpg" 文件，单击【打开】按钮，将素材文件打开。

(3) 在工具栏中选取【矩形选区工具】，在 "3.jpg" 文档中选取一部分，拖至 "logo.psd" 文档中，并调整好尺寸和位置。效果及图层如图 13.9 所示。

图 13.9 效果及图层

(4) 单击图层浮动面板下端的【新建图层】按钮，新建一图层，选择工具栏中的 "矩形选区工具"，将羽化值设置为 30px，在新建图层中创建选区，填充色彩#67A9EA。效果如图 13.10 所示。

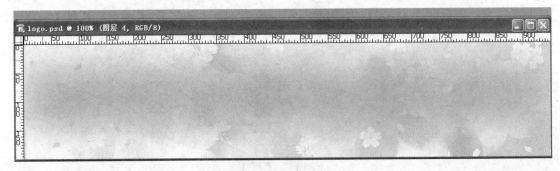

图 13.10 新建选区

(5) 在工具栏中选取 "多边形套索工具"，将羽化值设置为 30px，在 "2.jpg" 文档中选取所需部分，并拖至 "logo.psd" 文档中，如图 13.11 所示。

图 13.11　选取所需部分

(6) 用相同的方法，用"多边形套索工具"将"1.jpg"文档中所需部分拖至"logo.psd"文档中，并调整尺寸和位置。效果及图层如图 13.12 所示。

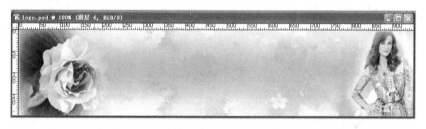

图 13.12　效果图

(7) 单击工具栏中"横排文字工具"，在"logo.psd"文档中输入"淘宝小屋"文字，并选择合适字体，选择颜色。效果及图层如图 13.13 所示。

图 13.13　输入文字效果图

(8) 双击文字图层弹出【图层样式】对话框，参照图 13.14，设置【投影】和【描边】选项。完成后的效果图如图 13.14 所示。

(9) 选中文字图层，单击菜单栏中【图层】|【栅格化】|【文字】命令，将"淘宝小屋"图层栅格化。

(10) 用工具栏中的"魔棒工具"选取"淘"字中的圆圈，然后填充不同的颜色，用相同的方法，将其他文字进行美化。完成后效果如图 13.15 所示。

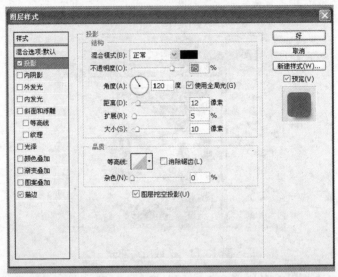

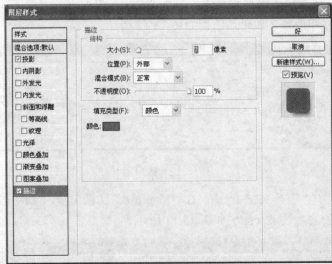

图 13.14 【图层样式】对话框及效果

图 13.15 美化效果

13.3.3　切图

设计好页面后，使用 Photoshop 工具切图，制作好的切片如图 13.16 所示。图的切片中，用作背景的包括头部背景、分类图标，其他的图片为内容图片。

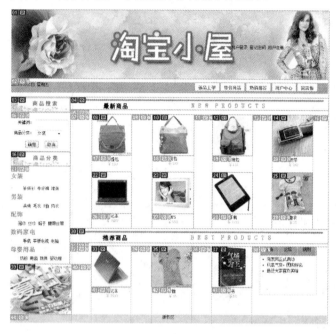

图 13.16　购物网站首页切图

注意：切好图后将切片以 JPEG 的格式保存到磁盘相应的位置。

任务 13.4　页面整体布局——CSS 定位

整个网页框架结构简单，包括 header(banner 图片)、导航条、左侧的导购信息及主体部分的商品展示、版权区等，结构如图 13.17 所示。

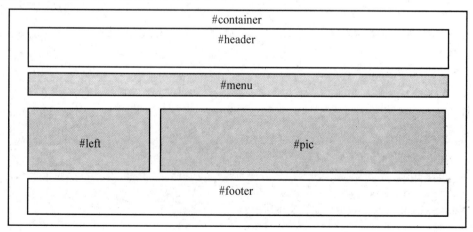

图 13.17　页面框架

DIV 结构如下。

```
│body {}    /*这是一个 HTML 元素*/
/*主体内容*/
└#container {}              /*页面容器*/
      ├#header {}         /*页面头部*/
      ├#menu{}           /*导航条*/
      ├#left{}            /*左侧导航条*/
      └# pic{}            /*商品图片展示*/
      ├#footer {}         /*版权区*/
```

页面结构代码如下：

```html
<!--页面容器-->
<div id="container">
<!-- 页面头部：banner 图片-->
  <div id="header">
<!-- header 结束-->
  </div>
<!--导航条-->
  <div id="menu">
<!--导航条结束-->
  </div>
<!--分类商品展示开始-->
      <!--左侧导航条-->
      <div id="left">
<!--左侧导航条结束-->
      </div>
<!-- 商品图片展示-->
      <div id="pic">
      <!--商品展示结束-->
  </div>
<!--版权区开始-->
  <div id="footer">
    版权区
    <!--版权区结束-->
  </div>
  <!–container 容器结束-->
</div>
```

页面框架样式定义如下：

```css
  /*页面整体布局*/
body {   /*页面基本信息*/
 margin:0px;
 font-size:12px;
 text-align:center;/* 页面文本居中*/
}
#container {   /*页面层容器*/
```

```
        margin:0px auto;  /*左右方向居中*/
        width:950px;
        border:solid 1px #DFDFDF;  /*边界线*/
     }
#header{ /*页面头部*/
    background:url(image/logo1.jpg) no-repeat;
    height:200px;
}
#menu {     /*导航条*/
    clear:both;
    margin-top:10px;
    height:30px;
    border:thin solid #00FFCC;
    background-color:#6699FF;
     }
#left {   /*左侧导航条*/
     width:185px;
    float:left;   /*左浮动块*/
    border-right:solid 2px #00CCFF;
    padding:0px;
}
#pic { /*图片展示块*/
    padding:0px;
    float:left;
    width:730px;
    margin:0px 0px 0px 20px;
}
#footer { /*版权区*/
    clear:both;
    height:25px;
}
```

任务 13.5 各功能模块细化设计

13.5.1 #header 块

页面头部#header 块页面效果如图 13.18 所示,主要完成两个子任务:①定义左右版式布局,如图 13.19 所示;②使用前期加工合成的 logo 图片作为#header 块的背景图片,起到醒目、突出效果。

图 13.18 header 页面的头部

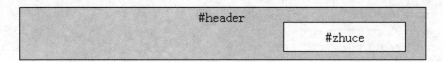

图 13.19　#header 块

1. 左右版式布局

结构代码如下:

```html
<!-- 页面头部-->
  <div id="header">
   <!--用户注册区-->
   <div id="zhuce">
    <a href="#">用户登录</a>
    <a href="#">登记密码</a>
    <a href="#">用户注册</a>
   <!--用户注册区结束-->
   </div>
  <!-- header 结束-->
  </div>
```

2. CSS 样式代码

```css
#header {  /*页面头部*/
  background:url(image/logo.jpg) no-repeat;  /*加载背景图片*/
  height:200px;
}
#zhuce {  /*用户注册区*/
  float:left;
  margin-top:100px;
  margin-left:660px;
    }
```

13.5.2　页面导航块#menu 制作

分析:#menu 块采用左右布局,如图 13.20 所示,#date 区域动态显示当前时间,通过 JavaScript 代码实现,在 13.6.2 节中会给出详细实现过程,submenu 块区域用来展示动态样式导航菜单,如图 13.21 所示。

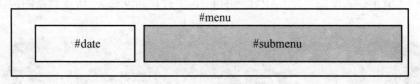

图 13.20　#menu 块布局

图 13.21　导航菜单(#submenu)样式

HTML 结构代码如下：

```
   <div class="submenu">
     <ul class="tabnav">
   <li><a href="#">新品上架</a></li>
   <li><a href="#">特价商品</a></li>
   <li><a href="#">热销推荐</a></li>
   <li><a href="#">用户中心</a></li>
   <li><a href="#">留言板</a></li>
     </ul>
  </div>
```

CSS 样式代码如下：

```
  .submenu {
     float:right;
     width:400px;
     height:30px;
  }
  .tabnav{
     list-style-type:none;
     margin:0px;
     padding-left:0px;/* 左侧无空隙 */
     padding-bottom:23px;
     border-bottom:1px solid #11a3ff;      /* 菜单的下边框 */
     font:bold 12px verdana, arial;
  }
  .tabnav li{
     float:left;
     height:22px;
     background-color:#FFFFFF;
     margin:0px 3px 0px 0px;
     border:1px solid #11a3ff;
  }
  .tabnav  a:link,#tabnav a:visited{
     display:block; /* 块元素 */
     color:#006eb3;
     text-decoration:none;
     padding:5px 10px 3px 10px;
  }
  #tabnav a:hover,a:active{
     background-color:#006eb3;
     color:#FFFFFF;
  }
```

13.5.3 #left 块制作

#left 块分成两个区域：商品搜索区(#search)、商品分类区(#navigation)，如图 13.22 所示。

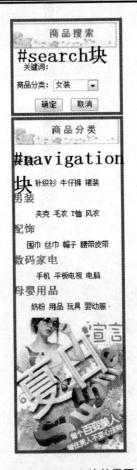

图 13.22　#left 块效果图

整体结构代码如下：

```
<!--左侧导航块-->
<div id="left">
 <!--商品搜索块-->
  <div class="search">
     <h3> </h3>
     <!--表单-->
     <form>

        </form>
</div>
    <!--商品分类块-->
    <div class="navigation">
      <h3></h3>
       ...
      <!--页面左底侧醒目图片-->
      <div  id="zhuangshi">
       <img src="image/left1.PNG" />
      </div>
    </div>
```

```
<!--左侧导航块结束-->
</div>
```

1. 设置商品搜索块#search 背景图片

商品搜索块效果如图 13.23 所示。

图 13.23 商品搜索块效果图

标题图片通常采用标题 h3 的背景图片实现，代码如下：

```
.search h3 {
    background:url(image/searc.gif)  no-repeat;
    height:50px;
}
```

2. 使用 CSS 设计表单样式

表单元素具有交互功能，是页面重要元素之一，如何使表单各元素以较整齐的样式呈现是网页设计中经常遇到的问题。表单样式定义有两种方法：一种是使用表格，另一种是使用 CSS 技术，CSS 技术要难一些，这里采用与页面整体相同的 CSS 技术设计。

(1) 表单结构设计如下。

```
<form>
<!--商品搜索块-->
<div class="search">
    <h3></h3>
    <!--表单-->
    <div class="myRow">
    <span class="myLabel">关键词：</span>
    <span class="formControl">
      <input name="text" type="text" id="myControl" value="" size="12"/>
    </span>
    </div>
    <div class="myRow">
     <span class="myLabel">商品分类：</span>
       <span class="formControl">
        <select name="category" id="myCategory">
        <option>女装</option>
        <option>男装</option>
        <option>配饰</option>
        <option>数码家电</option>
        <option>母婴用品</option>
       </select>
```

```
          </span>
       </div>
       <div class="myRow">
          <input type="submit" value="确定"/> 
          <input type="reset" value="取消"/>
       </div>
       <!--商品搜索块结束-->
     </div>
  </form>
  </body>
```

(2) 设置表单的 CSS 样式。

通过图 13.24 所示的框架模型来进行表单元素的定位，myRow 类定义表单每一行的高度，myLabel 类是表单元素的标签，是文本对齐的关键，这个区域的宽度为 80px 且文本向右对齐。formControl 类设置一行中表单控件的样式，为左对齐。

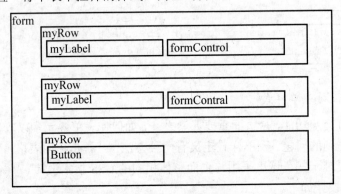

图 13.24　表单的框架模型

 深入学习：

myLabel 类、myRow 类元素位于同一行，是 span 行内联元素，为使 span 区域能够定义宽度，须将 span 元素转换为块级元素，即 float:left。

表单的 CSS 样式代码如下：

```
<style type="text/css">
  .search {
  width:160px;}
  .search h3 {
  background:url(image/searc.gif) no-repeat;
  height:50px;
  }
.myrow{
  height:30px;
  }
.mylabel{
  /*display:inline-table;*/
```

```
    float:left;
    width:70px;
    text-align:right;
    margin-top:2px;
    }
 .formControl{
    float:left;
    width:80px;
    text-align:left;
    }
</style>
```

注意：左侧商品分类导航块是购物网站中重要的一个功能模块，方便用户按照商品的分类进行商品的快捷搜索，通常通过"DIV+CSS"技术或 jQuery 技术实现。

13.5.4 商品展示区制作

购物网站商品展示功能模块通常占据页面很大篇幅，是常见的功能模块之一，如图 13.25 所示的淘宝商品展示。这里实现图 13.26 所示的商品展示模块。

图 13.25 淘宝商品展示

图 13.26 商品展示

【思路分析】网页上展示多种商品，商品的图片布局整齐，每个商品有名称、价格等简介信息，为使商品内容整齐显示，须解决两个问题。

【问题 1】多种商品的整体排列版式。

分析淘宝、阿里巴巴、当当等国内有名购物网站，总结出大致版式布局规律：商品按热点、推荐商品、特价商品等功能分块进行展示，使得界面简单大方，易于被浏览者接受，因此在此以最新商品、推荐商品分区进行商品的展示，如图 13.27 所示。

```
┌─────────────────────────────────────────────┐
│            #pic：商品展示区                   │
│  ┌───────────────────────────────────────┐  │
│  │       #newgoods：最新商品              │  │
│  │                                       │  │
│  └───────────────────────────────────────┘  │
│  ┌───────────────────────────────────────┐  │
│  │       #tuijiangoods：推荐商品          │  │
│  │                                       │  │
│  └───────────────────────────────────────┘  │
└─────────────────────────────────────────────┘
```

图 13.27　商品展示区框图

实现分块很简单，结构代码如下：

```
<div id="pic">
  <!--最新商品-->
<div class="newgoods">   </div>
  <!--推荐商品-->
<div class="tuijiangoods">     </div>
<!--商品展示结束-->
</div>
```

【问题 2】每种商品详细的样式定义。

某种具体的商品信息很多，如：商品名称、价格、特色等，这些信息一般换行显示在商品图片的某个方向上，如图 13.26 显示在图片的下方。商品的具体信息换行显示用 UL 无符号列表结构结合 CSS 样式技术实现。

定义某种商品结构代码如下：

```
<!--商品 1-->
<div>
  <!--商品图片-->
<a href="#"><img src="image/1.jpg"/></a>
  <!--商品名称-->
  <br/>手提包
  <!--商品价格-->
   <span class="price">￥150</span>
</div>
```

定义某种商品样式代码如下：

```
/*商品展示定义*/
/*每种商品所占区域*/
#newgoods div {
    display:inline; /*兼容*/
    float:left;
    margin:0px 0px 0px 20px;
    padding:0px;
    width:160px;
    height:140px;
}
/*每种商品图片外边框定义*/
#newgoods  img {
```

```
    height:120px;
    border:1px solid #CCCCCC;
}
/*每种商品价格颜色样式定义*/
span.price { /*每种商品的价格*/
    display:block;
    font-size:12px;
    color:#FF9900;
    }
```

 经验之谈：

　　商品的展示又称为商品电子相册，先完成某一商品的 CSS 样式模板定义，包含商品详细信息的定义，商品图片样式的定义：图片位置、尺寸等；对页面所有商品均套用商品的样式模版，从而完成商品图片格式化展示。

任务 13.6　JavaScript 技术在页面中的综合应用

13.6.1　Tab 菜单

　　Tab 菜单一直受到广大网站制作者的青睐，网上随处可见各式各样的 tab 菜单，图 13.28 是 Yahoo 网站上的 Tab 菜单。Tab 菜单的优点是节省页面空间，将内容以分菜单进行分组。

图 13.28　Yahoo 网站上的 Tab 菜单

Tab 菜单制作的方法有两种。

(1) UL 无符号列表与 CSS 技术结合。

(2) JavaScript 技术。

　　由于采用 CSS 技术实现的 Tab 菜单在 Tab 子菜单内容切换时需要刷新页面，因此推荐使用 JavaScript 技术实现图 13.29 所示的 Tab 公告栏。

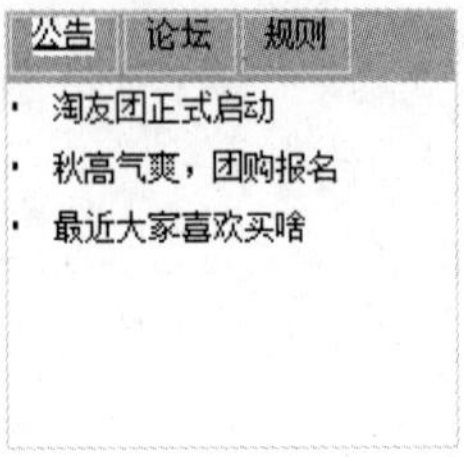

图 13.29   Tab 公告栏

结构代码如下：

```
<div id="tabmenu">
<div id="menu1">
   <ul>
     <li id="one1"onmouseover="setTab('one',1,3)"><a href="#">公告</a></li>
     <li id="one2"onmouseover="setTab('one',2,3)" ><a href="#">论坛</a></li>
     <li id="one3"onmouseover="setTab('one',3,3)"><a href="#">规则</a></li>
   </ul>
</div>
   <div id="contentbox">
     <div id="con_one_1" class="hover">
     <ul class="notice">
         <li>淘友团正式启动</li>
        <li>秋高气爽，团购报名</li>
        <li>最近大家喜欢买啥</li>
     </ul>
      </div>
   <div id="con_one_2" style="display:none"><h4>论坛</h4> </div>
   <div id="con_one_3" style="display:none"><h4>规则</h4></div>  </div>
</div>
```

JavaScript 代码如下：

```
<script>
   function setTab(name,cursel,n)
      {
      for(i=1;i<=n;i++){
      var menu=document.getElementById(name+i);
      var con=document.getElementById("con_"+name+"_"+i);
      menu.className=i==cursel?"hover":"";
      con.style.display=i==cursel?"block":"none";}
   }
</script >
```

公告栏内容 CSS 样式定义代码如下：

```
.notice {
list-style:disc inside;
}
.notice li{
```

```
    float:left;
    margin-top:3px;
    width:160px;
    text-align:left;
    }
```

 ## 知识延伸：

可以参照上述代码将 JavaScript、HTML 结构代码与 CSS 样式结合，定制适合自己页面风格的 Tab 菜单。

13.6.2 显示当前时间

显示当前时间效果如图 13.30 所示。

| 2011年9月21日 星期三 | | 新品上架 | 特价商品 | 热销推荐 | 用户中心 | 留言板 |

图 13.30 显示当前时间

DIV 结构如下。

```
|#menu {}
 └date {}              /*当前时间*/
 └submenu {}           /*导航子菜单 */
```

设计代码如下所示：

```
<div id="menu">
<div class="date">
<script language="JavaScript" type="text/javascript">
today=new Date();
var week; var riqi;
//提取得到当前时间
if(today.getDay()==0) week="星期日";
if(today.getDay()==1) week="星期一";
if(today.getDay()==2) week="星期二";
if(today.getDay()==3) week="星期三";
if(today.getDay()==4) week="星期四";
if(today.getDay()==5) week="星期五";
if(today.getDay()==6) week="星期六";
//兼容 IE9 浏览器
var today_year = (today.getYear() < 1900) ? (1900 + today.getYear()) : today.getYear();
riqi=(today_year)+"年"+(today.getMonth()+1)+"月"+today.getDate()+"日"+" ";
//时间显示在块中
document.write("<span style='font-size:9pt;'>"+riqi+week+"</span>");
</script>
</div>
<div class="submenu">
   <ul id="tabnav">
   <li class="home"><a href="xinpinshangjia.html">新品上架</a></li>
```

```
    <li class="news"><a href="#2">特价商品</a></li>
    <li class="sports"><a href="#3">热销推荐</a></li>
    <li class="music"><a href="yonghuzhongxin.html">用户中心</a></li>
    <li class="music"><a href="liuyanban.html">留言板</a></li>
</ul>
</div>
<!--导航条结束-->
</div>
```

自 我 测 试

上机实践

1. 实现图 13.31 所示的"书籍展示"页面效果。

图 13.31　书籍展示

2. 用模板技术制作小型购物网站，要求如下。

(1) 网站至少包含主页、两个内容子页，主页与内容有相同的版式。

(2) 将以下功能模块合理规划到网站各页面中。

① 用户账户模块：用户登录、用户注册。

② 商品信息模块：商品分类展示，即最新商品、热销商品等；商品分类查询。

参 考 文 献

[1] [美]泽尔特曼，[美]马克蒂. 网站重构——用 Web 标准进行设计[M]. 3 版. 傅捷，祝军，李宏，译. 北京：电子工业出版社，2011.

[2] 曾顺. 精通 CSS+DIV 网页样式与布局[M]. 北京：人民邮电出版社，2007.

[3] 强锋科技，赵辉. HTML+CSS 网页设计指南[M]. 北京：清华大学出版社，2010.

[4] 张金霞. HTML 网页设计参考手册[M]. 北京：清华大学出版社，2006.

[5] 编委会. 中文版 Dreamweaver CS3 网页制作[M]. 北京：清华大学出版社，2008.

[6] 明智科技，周建国. Dreamweaver 网页设计与制作实例精讲[M]. 北京：人民邮电出版社，2008.

[7] 黄军宝. 网站设计指南：通过 Dreamweaver CS3 学习 HTML+DIV+CSS[M]. 北京：科学出版社，2008.

[8] 编委会. HTML/CSS/JavaScript 标准教程实例版[M]. 2 版. 北京：电子工业出版社，2010.

[9] [美]Adobe 公司. Adobe Dreamweaver CS4 中文版经典教程[M]. 陈宗斌，译. 北京：人民邮电出版社，2011.

[10] 力行工作室. Dreamweaver CS4 完全自学教程[M]. 北京：中国水利水电出版社，2009.

[11] 孙素华. Dreamweaver CS3/Flash CS3/Firworks CS3 网页设计从入门到精通[M]. 北京：中国青年出版社，2008.

[12] 吴以欣，陈小宁. 动态网页设计与制作：CSS+JavaScript[M]. 北京：人民邮电出版社，2009.

[13] 曾顺. 精通 JavaScript+jQuery[M]. 北京：人民邮电出版社，2008.

[14] [美]Nicholas C. Zakas. JavaScript 高级程序设计[M]. 3 版. 李松峰，曹力，译. 北京：人民邮电出版社，2012.

[15] [美]Steve Suehring. JavaScript 从入门到精通[M]. 2 版. 梁春艳，译. 北京：清华大学出版社，2012.

[16] 明日科技. JavaScript 网页特效范例宝典[M]. 北京：人民邮电出版社，2007.

[17] [英]Jeremy Keith，[加]Jeffrey Sambells. JavaScript DOM 编程艺术[M]. 2 版. 魏忠，杨涛，译. 北京：人民邮电出版社，2011.

[18] 孔长征，李震，姜岭. 中文版 Dreamweaver4.03 短期培训教程[M]. 北京：北京希望电子出版社，2002.

[19] [美]阿斯利森，[美]舒塔. Ajax 基础教程[M]. 金灵，等译. 北京：人民邮电出版社，2006.

[20] Phil Ballard.Sams Teach Yourself. AJAX in 10 Minutes[M]. UK: Sams Publishing，2006.

[21] http://www.w3school.com.cn.

[22] http://book.chinaz.com/html/.

全国高职高专计算机、电子商务系列教材推荐书目

【语言编程与算法类】

序号	书号	书名	作者	定价	出版日期	配套情况
1	978-7-301-13632-4	单片机 C 语言程序设计教程与实训	张秀国	25	2012	课件
2	978-7-301-15476-2	C 语言程序设计(第 2 版)(2010 年度高职高专计算机类专业优秀教材)	刘迎春	32	2013 年第 3 次印刷	课件、代码
3	978-7-301-14463-3	C 语言程序设计案例教程	徐翠霞	28	2008	课件、代码、答案
4	978-7-301-17337-4	C 语言程序设计经典案例教程	韦良芬	28	2010	课件、代码、答案
5	978-7-301-20879-3	Java 程序设计教程与实训(第 2 版)	许文宪	28	2013	课件、代码、答案
6	978-7-301-13570-9	Java 程序设计案例教程	徐翠霞	33	2008	课件、代码、习题答案
7	978-7-301-13997-4	Java 程序设计与应用开发案例教程	汪志达	28	2008	课件、代码、答案
8	978-7-301-15618-6	Visual Basic 2005 程序设计案例教程	靳广斌	33	2009	课件、代码、答案
9	978-7-301-17437-1	Visual Basic 程序设计案例教程	严学道	27	2010	课件、代码、答案
10	978-7-301-09698-7	Visual C++ 6.0 程序设计教程与实训(第 2 版)	王 丰	23	2009	课件、代码、答案
11	978-7-301-22587-5	C#程序设计基础教程与实训(第 2 版)	陈 广	40	2013 年第 1 次印刷	课件、代码、视频、答案
12	978-7-301-14672-9	C#面向对象程序设计案例教程	陈向东	28	2012 年第 3 次印刷	课件、代码、答案
13	978-7-301-16935-3	C#程序设计项目教程	宋桂岭	26	2010	课件
14	978-7-301-15519-6	软件工程与项目管理案例教程	刘新航	28	2011	课件、答案
15	978-7-301-12409-3	数据结构(C 语言版)	夏 燕	28	2011	课件、代码、答案
16	978-7-301-14475-6	数据结构(C#语言描述)	陈 广	28	2012 年第 3 次印刷	课件、代码、答案
17	978-7-301-14463-3	数据结构案例教程(C 语言版)	徐翠霞	28	2013 年第 2 次印刷	课件、代码、答案
18	978-7-301-18800-2	Java 面向对象项目化教程	张雪松	33	2011	课件、代码、答案
19	978-7-301-18947-4	JSP 应用开发项目化教程	王志勃	26	2011	课件、代码、答案
20	978-7-301-19821-6	运用 JSP 开发 Web 系统	涂 刚	34	2012	课件、代码、答案
21	978-7-301-19890-2	嵌入式 C 程序设计	冯 刚	29	2012	课件、代码、答案
22	978-7-301-19801-8	数据结构及应用	朱 珍	28	2012	课件、代码、答案
23	978-7-301-19940-4	C#项目开发教程	徐 超	34	2012	课件
24	978-7-301-15232-4	Java 基础案例教程	陈文兰	26	2009	课件、代码、答案
25	978-7-301-20542-6	基于项目开发的 C#程序设计	李 娟	32	2012	课件、代码、答案
26	978-7-301-19935-0	J2SE 项目开发教程	何广军	25	2012	素材、答案
27	978-7-301-18413-4	JavaScript 程序设计案例教程	许 旻	24	2011	课件、代码、答案
28	978-7-301-17736-5	.NET 桌面应用程序开发教程	黄河	30	2010	课件、代码、答案
29	978-7-301-19348-8	Java 程序设计项目化教程	徐义晗	36	2011	课件、代码、答案
30	978-7-301-19367-9	基于.NET 平台的 Web 开发	严月浩	37	2011	课件、代码、答案

【网络技术与硬件及操作系统类】

序号	书号	书名	作者	定价	出版日期	配套情况
1	978-7-301-14084-0	计算机网络安全案例教程	陈 昶	30	2008	课件
2	978-7-301-16877-6	网络安全基础教程与实训(第 2 版)	尹少平	30	2012 年第 4 次印刷	课件、素材、答案
3	978-7-301-13641-6	计算机网络技术案例教程	赵艳玲	28	2008	课件
4	978-7-301-18564-3	计算机网络技术案例教程	宁芳露	35	2011	课件、习题答案
5	978-7-301-10290-9	计算机网络技术基础教程与实训	桂海进	28	2010	课件、答案
6	978-7-301-10887-1	计算机网络安全技术	王其良	28	2011	课件、答案
7	978-7-301-21754-2	计算机系统安全与维护	吕新荣	30	2013	课件、素材、答案
8	978-7-301-12325-6	网络维护与安全技术教程与实训	韩最蛟	32	2010	课件、习题答案
9	978-7-301-09635-2	网络互联及路由器技术教程与实训(第 2 版)	宁芳露	27	2012	课件、答案
10	978-7-301-15466-3	综合布线技术教程与实训(第 2 版)	刘省贤	36	2012	课件、习题答案
11	978-7-301-14673-6	计算机组装与维护案例教程	谭 宁	33	2012 年第 3 次印刷	课件、习题答案
12	978-7-301-13320-0	计算机硬件组装和评测及数码产品评测教程	周 奇	36	2008	课件
13	978-7-301-12345-4	微型计算机组成原理教程与实训	刘辉珞	22	2010	课件、习题答案
14	978-7-301-16736-6	Linux 系统管理与维护(江苏省省级精品课程)	王秀平	29	2013 年第 3 次印刷	课件、习题答案
15	978-7-301-22967-5	计算机操作系统原理与实训 (第 2 版)	周 峰	36	2013	课件、答案
16	978-7-301-16047-3	Windows 服务器维护与管理教程与实训(第 2 版)	鞠光明	33	2010	课件、答案
17	978-7-301-14476-3	Windows2003 维护与管理技能教程	王 伟	29	2009	课件、习题答案
18	978-7-301-18472-1	Windows Server 2003 服务器配置与管理情境教程	顾红燕	24	2012 年第 2 次印刷	课件、习题答案

电子书(PDF 版)、电子课件和相关教学资源下载地址：http://www.pup6.com，欢迎下载。
联系方式：010-62750667，liyanhong1999@126.com、linzhangbo@126.com，欢迎来电来信。